Rolf D. Neth

Blutbild und Urinstatus

Unter Mitarbeit von Heidi Aust und
dem Stationslaboratorium
der Universitätskinderklinik
Hamburg-Eppendorf

Mit 23 zum Teil farbigen Abbildungen

Springer-Verlag
Berlin Heidelberg New York 1979

Professor Dr. Rolf D. Neth
Kinderklinik
Universitäts-Krankenhaus Eppendorf
Martinistraße 52
2000 Hamburg 20

Frau Heidi Aust
Kinderklinik
Universitäts-Krankenhaus Eppendorf
Martinistraße 52
2000 Hamburg 20

ISBN 3-540-09353-2 Springer-Verlag Berlin Heidelberg New York
ISBN 0-387-09353-2 Springer-Verlag New York Heidelberg Berlin

CIP-Kurztitelaufnahme der Deutschen Bibliothek
Neth, Rolf D.:
Blutbild und Urinstatus / R. D. Neth. Unter Mitarb. von Heidi Aust. – Berlin, Heidelberg,
New York: Springer, 1979.
ISBN 3-540-09353-2 (Berlin, Heidelberg, New York)
ISBN 0-387-09353-2 (New York, Heidelberg, Berlin)

Das Werk ist urheberrechtlich geschützt. Die dadurch begründeten Rechte, insbesondere die
der Übersetzung, des Nachdruckes, der Entnahme von Abbildungen, der Funksendung, der
Wiedergabe auf photomechanischem oder ähnlichem Wege und der Speicherung in Daten-
verarbeitungsanlagen bleiben, auch bei nur auszugsweiser Verwertung vorbehalten.
Bei Vervielfältigungen für gewerbliche Zwecke ist gemäß § 54 UrhG eine Vergütung an den
Verlag zu zahlen, deren Höhe mit dem Verlag zu vereinbaren ist.
© by Springer-Verlag Berlin Heidelberg 1979
Printed in Germany.
Die Wiedergabe von Gebrauchsnamen, Handelsnamen, Warenbezeichnungen usw. in diesem
Werk berechtigt auch ohne besondere Kennzeichnung nicht zu der Annahme, daß solche
Namen im Sinne der Warenzeichen- und Markenschutz-Gesetzgebung als frei zu betrachten
wären und daher von jedermann benutzt werden dürften.
Satz- u. Bindearbeiten: G. Appl, Wemding, Druck: aprinta, Wemding
2127/3140-543210

Für meine Frau
und alle, die wie sie
den Glauben an das alltägliche Glück nicht verloren und
sich den Blick für die Bedeutung des einfachen Lebens
erhalten haben.

Vorwort

Beurteilung von Blutbild und Urinstatus nehmen in der Vorsorgeuntersuchung und Diagnostik einen hohen Stellenwert ein, da der Arzt diese Bestimmungen bei über 50% seiner Patienten in der Praxis und bei 100% der stationären Patienten durchführt. Sie lassen sich im Gegensatz zu den meisten klinisch-chemischen Untersuchungen nur begrenzt zentralisieren. Der Transport des Untersuchungsmaterials – z. B. frisch gelassener Urin – ist nicht möglich. Die mikroskopischen Untersuchungsmethoden sind im Gegensatz zu analytisch-chemischen Methoden nicht zu automatisieren. Anstelle eines entfernt gelegenen Zentrallaboratoriums erhält der Arzt mit Hilfe der hier dargestellten einfachen, praxisgerechten Methoden schnell, und meist auch finanziell weniger aufwendig, notwendige diagnostische Hinweise. Allerdings werden die einzelnen Methoden – wie die Beurteilung des Differentialblutbildes, Erythrozyten- und Leukozytenzählung, Hämoglobin- und Hämatokritbestimmung oder Untersuchungen des Harns auf Blut, Zucker, Bakterien und Leukozyten – in sehr unterschiedlichem Umfang genutzt.
Häufig sind die Wertigkeit und die Fehlermöglichkeit einzelner Methoden nicht genügend berücksichtigt. So wird z. B. die Hämatokritbestimmung, die eine der sichersten, einfachsten und billigsten Methoden zur Feststellung der Anämie ist, nur bei einer geringen Anzahl der untersuchten Patienten vorgenommen. Demgegenüber wird die Erythrozytenzählung, die bei der Kammerzählung eine Fehlerbreite von weit über 10% hat und nur für speziellere differentialdiagnostische Fragestellungen von Bedeutung ist, bei einem weit höheren Prozentsatz der untersuchten Patienten durchgeführt. Die Informationsmöglichkeiten des Blutausstriches, der eine qualitative und quantitative Beurteilung aller Blutzellen und deren Veränderungen bei zahlreichen Erkrankungen in einem Untersuchungsgang ermöglicht, werden bei kaum 1% der Patienten genutzt. Das Harnsediment, speziell die Untersuchung des frisch gelasssenen Urins auf Leukozyten, wird nur bei 10% der ambulanten Patienten durchgeführt und die Keimzählung noch seltener, obwohl es sich um

unentbehrliche Untersuchungen zur Erfassung von Harnwegsinfektionen handelt. Der Wunsch nach einer praxisnahen Ausbildung wird immer wieder von der Ärzteschaft und den Studenten geäußert. Erlernen und Anwendung praxisgerechter Untersuchungstechniken sowie das Wissen um ihren Stellenwert in der Vorsorgeuntersuchung und Diagnostik bedürfen in diesem Zusammenhang einer besonderen Berücksichtigung – nicht zuletzt aufgrund der zunehmend fehlenden Ausbildungsmöglichkeiten in den Kliniken, die durch die Zentralisierung dieser Methoden in den Hauptlaboratorien bedingt ist. Es wäre unverantwortlich, wenn das kleine Laboratorium in der ärztlichen Praxis als Minimalprogramm nicht wenigstens die Beurteilung von Blutbild und Urinstatus für die Versorgung der Patienten weiterhin bereithielte.

Hamburg, Juli 1979   ROLF D. NETH

Inhaltsverzeichnis

Zusammenfassung praxisgerechter Untersuchungen 1
I. Notwendige Untersuchungen 1
II. Wünschenswerte zusätzliche Untersuchungen . 1
Benötigte Geräte 2

Blutbild 5
Einführung 5
Hämatokritbestimmung 8
Leukozytenzählung 13
Blutausstrich 19
Thrombozytenzählung 38
Retikulozytenzählung 42

Anhang zum Blutbild 47
1. Erythrozyten-Normalwerte bei Neugeborenen, Säuglingen, Kindern und Erwachsenen 47
2. Leukozyten-Normalwerte bei Neugeborenen, Säuglingen, Kindern und Erwachsenen 48
3. Checkliste zur Beurteilung normaler und pathologischer Ausstrichpräparate peripherer Blutzellen 49
4. Morphologische Charakteristika pathologisch veränderter peripherer Blutzellen 50
5. Morphologische Charakteristika der Granulopoese 52
6. Morphologische Charakteristika der Erythropoese 53
7. Morphologische Charakteristika der Lymphopoese, Monozyten und Plasmazellen 54

Blutsenkungsgeschwindigkeit 55

Urinstatus 57
Einführung 57
Zuckernachweis 60

Blutnachweis 61
Leukozytenzählung 63
Keimzählung 64
Nitritnachweis 68
Eiweißbestimmung 69
Urobilinogennachweis 70

Sachverzeichnis 73

Zusammenfassung praxisgerechter Untersuchungen

I. Notwendige Untersuchungen

1. Blutbild
   a) Hämatokritwert
   b) Leukozytenzählung
   c) Blutausstrich
2. Blutsenkungsgeschwindigkeit
3. Urinstatus
   a) Glukosenachweis
   b) Blutnachweis
   c) Keimzählung
   d) Leukozytenzählung

II. Wünschenswerte zusätzliche Untersuchungen

1. Blutbild
   a) Thrombozytenzählung
   b) Retikulozytenzählung
2. Urinstatus
   a) Nitritnachweis
   b) Eiweißbestimmung
   c) Urobilinogennachweis

Benötigte Geräte

1. Hämatokritzentrifuge (I: 1a) DM 700–1000
2. Mikroskop (I: 1b, 1c, 3b, 3d.
   II: 1a, 1b) DM 2000–5200
3. Brutschrank (I: 3c) DM 300
4. Arbeitsplatz mit Färbebank (I: 1c) DM 1000–2000
5. Pipetten und Stativ für
   Blutsenkungsgeschwindigkeit (I:2) DM 200

Gesamtausgaben für das kleine DM 4200–8700
Laboratorium in der ärztlichen
Praxis (s. Umschlagseite):

Bei der Beschaffung der Geräte, vor allem der des Mikroskopes, muß man bestimmte Qualitätsansprüche stellen.
Notwendig sind:
Okulare, die auf die Objektive abgestimmt sind und Objektive, die als Planachromaten ausgewiesen sind. Hierzu gehören eine Lupe, ein 10er und ein 40er Trockenobjektiv und eine 100er Ölimmersion mit einer Apertur von mindestens 1,2.
Für die Beleuchtung ist eine Kondensorbeleuchtung mit der Strahlenführung nach Prof. Köhler (Köhlersches Prinzip) nötig.
Die Ausstattung mit Planachromaten ist im Durchschnitt etwa DM 1000 teurer als die mit reinen Achromaten. Planachromate werden jedoch benötigt, da das anstrengende Mikroskopieren speziell bei der Ausdifferenzierung von Blutausstrichen durch das Wegfallen der Randunschärfen ganz wesentlich erleichtert wird und sich hier die Mehrausgabe von DM 1000 im Laufe von über 20 Jahren vertreten läßt. Daher beträgt die notwendige Geldausgabe für das Mikroskop DM 2000 + DM 1000 = DM 3000.
Weitere wünschenswerte Ausstattungen für das Mikroskop sind:
1. Weitwinkelokulare, um ein größeres Gesichtsfeld zu haben und Verschmutzungen der Okulare zu verringern (Mehraufwand etwa DM 200).
2. Phasenkontrasteinrichtung – Hierzu sind ein Spezialkondensor anstelle des normalen Kondensors für die Beleuchtung nötig und Spezialobjektive für die 10er- und 40er-Vergrößerung anstelle des normalen Planachromaten. Die Phasenkontrasteinrichtung erleichtert die mikroskopische Untersuchung des Harns sowie die

Leukozyten- und die Thrombozytenzählung ganz wesentlich (Mehraufwand DM 1000).
3. Planapochromat für Ölimmersion, etwa 60fache Vergrößerung (Mehraufwand DM 2000–2500).

Ein solches Objektiv kann über Jahrzehnte benutzt werden, und der Mehraufwand von DM 2000–2500 ist daher zu vertreten – nicht zuletzt weil auch die Arbeitsleistung einer Laborkraft dadurch ganz wesentlich verbessert wird. Sie kann schneller und mit mehr Freude an den dargestellten Blutzellen arbeiten.

Ich habe mich in diesem Laborbüchlein bewußt auf acht notwendige und weitere fünf wünschenswerte Untersuchungen beschränkt, die im Rahmen der Routineuntersuchung von besonderer Bedeutung sind und in der Differentialdiagnose so weit helfen, daß für die weitere Labordiagnostik ein Speziallaboratorium in Anspruch genommen werden kann. Die Ausstattung des Arbeitsplatzes ist so geplant, daß er mit einem Kostenaufwand von DM 5000–10000 eingerichtet werden kann.

Weitere, darüber hinaus noch praxisgerechte Untersuchungen verlangen eine etwas aufwendigere Ausstattung und Spezialkenntnisse, die sich nach den besonderen Interessen des einzelnen ausrichten müssen. Hierzu gehören z. B. die klinisch-chemische Notfalldiagnostik und Suche nach Risikofaktoren (Blutzuckerbestimmung, Prothrombinzeit, Harnstoff, Cholesterin, Triglyzeride, Harnsäure, Enzyme), die mikrobiologische Diagnostik (Platten- und Suspensionskulturen, Antibiogramme), weiterführende mikroskopische Diagnostik (Knochenmarksbeurteilung, Zytochemie, gynäkologische Zytologie) und evtl. aufwendigere klinisch-chemische Methoden.

Blutbild

Einführung

Im Blutbild werden Anzahl und Zusammensetzung der Blutzellen bestimmt. Mit Hilfe der quantitativen Methoden (Hämatokrit, Leukozytenzählung, Thrombozytenzählung) ist festzustellen, ob die Anzahl der Blutzellen normal, vermehrt oder vermindert ist. Die qualitativen morphologischen Methoden (Differentialblutbild, Retikulozytenzählung) liefern darüber hinaus Hinweise auf zahlreiche reaktive und proliferative Veränderungen der Blutzellen.
Die Nomenklatur von Maßeinheiten hat in den letzten Jahren viele Neuerungen erfahren. In Tabelle 1 sind die alten und neuen Maßeinheiten für die Beurteilung des Blutbildes einander gegenübergestellt.

Tabelle 1. Alte und neue Maßeinheiten für die Hämatologie

Bestandteil	Alte Einheit	SI-Einheit
Erythrozyten	Mio/mm^3 oder Mio/µl	Zahl × 10^{12}/l
Hämoglobin	g/100 ml	g/l
Hämatokrit	Vol. %	l/l
MCV	µ^3 oder µm^3	fl[a]
MCH	µ µg	pg[b]
MCHC	g/100 ml	g/l
Leukozyten	Zahl/mm^3	Zahl × 10^9/l
Thrombozyten	Zahl/mm^3	Zahl × 10^9/l
Retikulozyten	‰	Zahl × 10^9/l

[a] fl = Femtoliter = 10^{-15} Liter
[b] pg = Pikogramm = 10^{-12} Gramm

Verständnis und diagnostische Aussagekraft des Blutbildes werden verbessert, wenn man die Untersuchungsergebnisse in den gesamten Ablauf der Blutzellbildung und des Blutzellabbaus einordnet.
Bei allen bekannten Zellerneuerungssystemen – von der Zwiebel

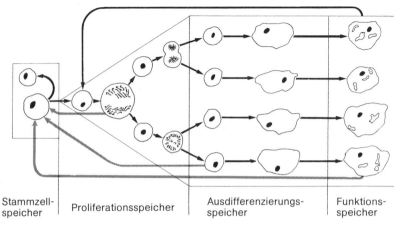

| Stammzell-speicher | Proliferationsspeicher | Ausdifferenzierungs-speicher | Funktions-speicher |

Abb. 1. Grundprinzip von Zellerneuerungssystemen am Beispiel der Zwiebel. Im Stammzellspeicher, der bei der Zwiebel dem Vegationspool entspricht, wird bei jeder Zellteilung eine Zelle in den Proliferationsspeicher abgegeben und eine Zelle im Stammzellspeicher zurückgehalten, um den Bestand an Stammzellen zu gewährleisten. Proliferation und Ausdifferenzierung werden durch Wuchsstoffe reguliert, die man bisher nur z. T. kennt und von denen man annimmt, daß sie je nach Bedarf in den verschiedenen Zellspeichern produziert werden können (⬅)

bis zur Hämopoese (Blutzellbildung) – kann man Zellspeicher mit unterschiedlich ausgereiften Zellen unterscheiden (Abb. 1). In jedem dieser Zellsysteme ist unter normalen Bedingungen ein reguliertes Wachstum gewährleistet, das eine genügende Anzahl von Funktionszellen für die spezifischen Aufgaben der einzelnen Organgewebe zur Verfügung stellt, die nach Bedarf aus unreifen Zellvorstufen ergänzt werden. Voraussetzung für das Funktionieren eines Zellneubildungssystems ist eine bestimmte Anzahl von Stammzellen, die nicht aufgebraucht werden dürfen, sowie Regulatorstoffe, die bei Bedarf Vermehrung und Ausreifung der Stammzellen zu Funktionszellen bewirken (Abb. 1).

Im blutzellbildenden System kennen wir heute die wesentlichen zellkinetischen Zusammenhänge (Abb. 2). Im Stammzellspeicher wird zwischen den pluripotenten Stammzellen und den schon für die einzelnen Zellformen bestimmten determinierten Stammzellen unterschieden. In der weiteren Entwicklung zu Endzellen laufen im Proliferations- und Ausdifferenzierungsspeicher Proliferation (Zellvermehrung) und Ausreifung (Ausbildung der funktionsspezifischen Eigenschaften, wie z. B. Hämoglobin in den Erythrozyten und lysosomale Enzyme in den Granulozyten) zum Teil gleichzeitig ab.

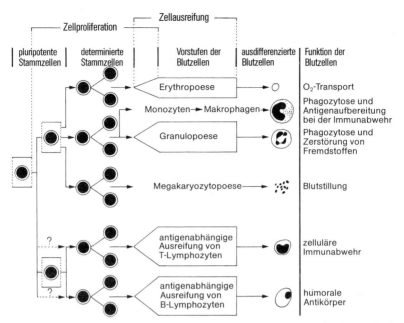

Abb. 2. Das Zellerneuerungssystem der menschlichen Hämopoese (s. Text S. 6, 7)

Die ausgereiften Blutzellen werden entweder als Funktionsreserve für den erhöhten Bedarf auf Abruf im Knochenmark gespeichert (vor allem Granulozyten) oder direkt in das periphere Blut, den Funktionsspeicher, ausgeschleust (Blutplättchen, Erythrozyten und Leukozyten (Abb. 4, 7, 8, 20, 22)). Hier verbleiben die Granulozyten nur 10 Std, die Thrombozyten 10 Tage und die Erythrozyten 120 Tage. Regulatorstoffe bestimmen als Stimulatoren (Erythropoetin, »colony stumulating activity«) oder Inhibitoren (Prostaglandine, Lactoferrin) Proliferation und Ausdifferenzierung von Blutzellen. Fehlproduktion in den »helper« (Stimulatoren) und »supressor« (Inhibitoren) Zellen könnte zu Störungen der Blutzellausdifferenzierung, möglicherweise sogar zur Leukämie, führen.

Die einzelnen Blutzellarten unterscheiden sich in ihrer speziellen Funktion, den Funktionsreserven und der Lebenszeit im peripheren Blut. Man findet daher je nach Art der krankhaften Störung der Blutzellen selbst oder bei reaktiven Veränderungen im Zusammenhang mit anderen nicht-hämatologischen Erkrankungen zahlreiche diagnostische Hinweise durch die Beurteilung des Blutbildes bei einem im Vergleich zu anderen diagnostischen Methoden geringen apparativen Aufwand (Abb. 5).

Hämatokritbestimmung

Grundlagen

Der Hämatokrit ist eine einfache Zellvolumenbestimmung der korpuskulären Bestandteile des Blutes. Das Gesamtblutvolumen eines Erwachsenen beträgt 6%–8% des Körpergewichtes, und hiervon sind etwa 45% Blutzellen. Der größte Anteil davon sind mit 99% die Erythrozyten, die Thrombozyten sind mit weniger als 1%, die Leukozyten mit weniger als 0,2% vertreten. Man erhält daher durch die Bestimmung des Gesamtblutzellvolumens, des Hämatokrit in erster Linie relativ genaue Angaben über den Anteil der Erythrozyten im Gesamtblut.

Die Aufgabe der Erythrozyten ist der Sauerstofftransport mittels des Hämoglobins. Bei allen Zellstoffwechselvorgängen im gesamten Körper wird Sauerstoff benötigt. Die Folge einer Anämie ist verminderte Sauerstoffversorgung in den Zellen und hierdurch eine Störung des gesamten Zellstoffwechsels. Dies führt schon bei leichteren Anämien zu einer dauernden Beeinträchtigung der körperlichen Leistungsfähigkeit. Damit keine Anämie übersehen wird, muß für die Vorsorgeuntersuchung und für gezielte diagnostische Fragestellungen eine sichere Methode, wie die Hämatokrit- oder Hämoglobinbestimmung, in jedem Praxislaboratorium zur Verfügung stehen.

Hämatokrit und Hämoglobingehalt des zirkulierenden Blutes sind eng korreliert, da das Volumen der Erythrozyten von deren Füllungsgrad mit ihrem wesentlichen Inhaltsstoff – Hämoglobin – abhängig ist. Der Korrelationskoeffizient zwischen Hämoglobin und Hämatokrit ist etwa 3, das heißt, einem Hämoglobinwert von 150 g/l (15 g/100 ml) entspricht etwa einem Hämatokritwert von 0,45 l/l (45 Vol. %). Mit Hilfe beider Methoden läßt sich beurteilen, in welchem Umfang die Eryhtrozytenzahl gegenüber der Norm vermindert oder vermehrt ist. Bei erniedrigtem Hämatokrit liegt eine Anämie, bei erhöhtem eine Polyglobulie vor (s. Normalwerttabellen). Flüssigkeitsverschiebungen zwischen dem Extra- und Intravaskulärraum können einen erniedrigten – z. B. während der Schwangerschaft – (Pseudoanämie) oder auch einen erhöhten Hämatokrit – z. B. bei Durchfallserkrankungen – (Pseudopolyglobulie) vortäuschen (Abb. 3).

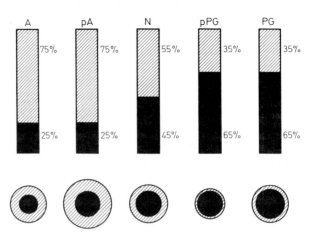

Abb. 3. Die Abhängigkeit des Hämatokrits vom Gesamtblutvolumen (s. Text S. 8)

Die Erythrozytenzählung ist gegenüber dem Hämatokrit und der Hämoglobinbestimmung als diagnostische Methode in der Praxis ungeeignet, da die einfache Kammerzählung eine zu hohe Fehlerbreite hat und die elektronische Zählung zu aufwendig ist. In der Praxis sollte man sich daher auf die Bestimmung des Hämatokrits oder des Hämoglobins beschränken. Die Erythrozytenzählung ist erst bei der Differentialdiagnose der Anämien erforderlich. Der Hämatokrit hat den Vorteil, daß er als physikalische Methode gegenüber einer chemischen Methode, wie der Hämoglobinbestimmung, weniger fehleranfällig ist. Darüber hinaus ist die Anschaffung einer Hämatokritzentrifuge wesentlich preiswerter als die eines den Qualitätsbestimmungen entsprechenden Photometers.

Der Hämatokrit kann lediglich eine Angabe über ein vermindertes, normales oder vermehrtes Gesamterythrozytenvolumen machen. Die Diagnose Anämie weist auf ein Symptom hin, dessen Ursache eine verminderte Produktion oder ein erhöhter Verlust von Erythrozyten ist (Abb. 2, 4). Eine verminderte Erythrozytenneubildung ist auf eine Störung im Knochenmark zurückzuführen, und man würde im peripheren Blut im Vergleich zur Norm vermindert jugendliche Erythrozyten finden. Im Gegensatz hierzu würde bei einem erhöhten Erythrozytenabbau der vermehrte Nachstrom von Erythrozyten aus dem Knochenmark zu einer Erhöhung der jugendlichen Erythrozyten im peripheren Blut führen. Ob die Ursache in einer Produktionsstörung (hyporegenerative Anämie) oder in

Erythrozytenbildung

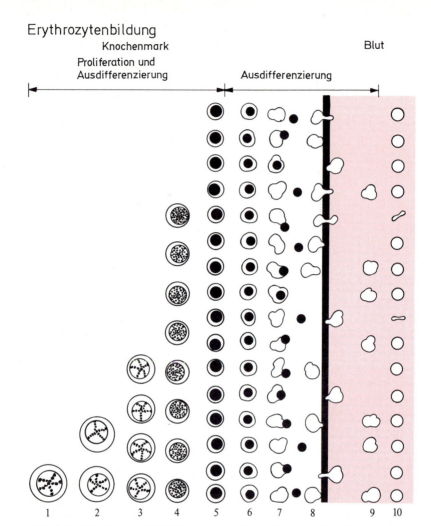

Abb. 4. Proliferation und Ausdifferenzierung der erythropoetischen Blutzellen. Aus der pluripotenten Stammzelle entwickelt sich die für die Erythropoese festgelegte determinierte Stammzelle, der Pronormoblast (1). Dieser vermehrt sich, und gleichzeitig differenziert er zu basophilen Normoblasten aus (2, 3). Diese Zellen können sich ebenfalls noch weiter vermehren und zu polychromatischen Normoblasten (4, 5) differenzieren. Der reife polychromatische Normoblast differenziert zum oxyphilen Normoblasten (6), ohne sich weiter zu teilen. Der Kern (7) wird ausgestoßen, und die ausgereiften Zellen gelangen in die Blutzirkulation (8). Hier bleiben sie ein bis zwei Tage als Retikulozyten (9) und stehen dann weitere 120 Tage als ausgereifte Erythrozyten für den Sauerstofftransport zur Verfügung. Im Gegensatz zu den Granulozyten (Abb. 7 u. 8) ist der Funktionsspeicher, d. h. die im Blut zirkulierenden Erythrozyten, wesentlich größer als der Vorratsspeicher im Knochenmark. Bei Blutverlust ist eine schnellere Ausreifung möglich, so daß auf diesem Wege die fehlenden Erythrozyten relativ kurzfristig ersetzt werden können (Aus Marcel Bessis »Blood Smears Reinterpreted«, Springer International, 1977)

einem vermehrten Verlust mit nachfolgender erhöhter Produktion (hyperregenerative Anämie) liegt, läßt sich anhand der Beurteilung der Polychromasie der Erythrozyten im Differentialblutbild und der Retikulozytenzählung entscheiden. Darüber hinausgehende Untersuchungsmethoden, wie sie häufig für die Differentialdiagnose einer Anämie erforderlich sind, stehen meist nur in Speziallaboratorien zur Verfügung, die dann zu Rate gezogen werden müssen, um das richtige therapeutische Vorgehen zu gewährleisten.

Arbeitsvorschrift

Prinzip
Die korpuskulären Bestandteile des Blutes (ca. 99% Erythrozyten) werden durch hochtouriges Zentrifugieren sedimentiert und so dicht gelagert, daß der noch dazwischen befindliche Plasmaanteil unter 1%–2% liegt.

Material
Spezialhämatokritzentrifuge,
heparinisierte Mikro-Hämatokritkapillaren,
Versiegelwachs zum Verschluß der gefüllten Kapillaren,
Ablesegerät.

Arbeitsgang
Zwei Kapillaren werden mit EDTA-Venenblut oder Kapillarblut zu $^2/_3$–$^3/_4$ gefüllt. Das trockene Ende mit dem Kitt verschließen (Abb. 5). Einsetzen der Kapillaren in den Zentrifugenteller (Abb. 5). 5–10 min zentrifugieren, bis der maximale Hämatokrit erreicht ist. Ablesen der Erythrozytensäule (Abb. 5).
Bei der Mikrohämatokritzentrifuge von Compur werden spezielle kleine Hämatokritkapillaren vollständig mit Blut gefüllt und direkt in die Zentrifuge eingesetzt (Abb. 5).

Reproduzierbarkeit
Die Ergebnisse der Doppelbestimmungen dürfen nicht mehr als 1% voneinander abweichen.

Fehlerquellen
Unsachgemäßes Quetschen bei der Kapillarblutentnahme und ungenügendes Durchmischen des EDTA-Venenblutes vor der Probenentnahme,
ungenügendes Zentrifugieren, so daß der maximale Hämatokrit nicht erreicht wird.

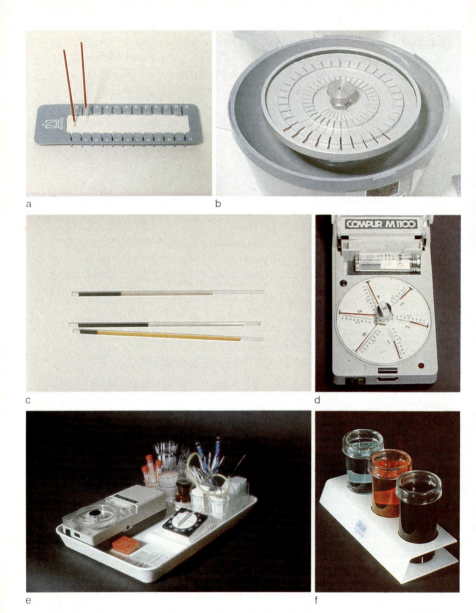

Abb. 5. a Hämatokritkapillaren in Kittschale; **b** Hämatokritkapillaren in Zentrifugenteller eingelegt; **c** Hämatokritkapillaren nach Zentrifugieren. Mitte: normaler Hämatokrit; oben und unten: erniedrigter Hämatokrit; unten: gelbe Verfärbung des Serums = Hinweis auf Hämolyse der Erythrozyten; **d** Mikrohämatokritzentrifuge mit gefüllten Kapillaren, links (4, 5, 6) vor und rechts (1, 2, 3) nach Zentrifugation; **e** die für ein Blutbild erforderlichen Geräte bis auf Färbebank und Mikroskop; **f** Gläser mit Ständern für die Schnellfärbung

Ableseungenauigkeiten entstehen durch zu geringe Füllung der Kapillaren und nicht spiegelparallelen Bodenverschluß der Kapillaren.

Ein zu niedriger Hämatokrit kann erreicht werden durch Verlust an unterschiedlichen Mengen von Blutprobenmaterial durch inkompletten Verschluß der Kapillaren.

Besonderheiten
Automatische Zählgeräte errechnen den Hämatokrit aus Erythrozytenzahl und mittlerem Zellvolumen (MCV). Dieser Wert ist etwas niedriger (1%–2%) als der maximale Hämatokrit nach Zentrifugation, da sich bei letzterem noch geringe Plasmareste zwischen den Blutzellen befinden.

Leukozytenzählung

Grundlagen

Im Rahmen der Abwehr von Infektionskrankheiten sind die Leukozyten die wichtigsten Zellen des Körpers. Granulozyten können aufgrund ihrer amöboiden Beweglichkeit in das Gewebe auswandern und sich im Bereich von Entzündungsherden ansammeln, um dort Bakterien oder Fremdkörper zu phagozytieren. Die Monozyten haben gleichfalls eine ausgeprägte Fähigkeit zur Phagozytose, und sie haben darüber hinaus im Rahmen der Antikörpersynthese eine wichtige Aufgabe, indem sie antigenes Material vorverarbeiten. Die Lymphozyten erkennen und nehmen Antigene im Rahmen der Immunreaktionen auf und produzieren Antikörper. Hierbei unterscheidet man zwischen den Aufgaben der B- und T-Lymphozyten. Die B-Lymphozyten sind für die Synthese der humoralen Antikörper verantwortlich und differenzieren hierbei zu Plasmazellen aus (Abb. 10). Die T-Lymphozyten (Abb. 10) wirken im Rahmen der zellulären Immunabwehr. Unter den lymphoiden Zellen finden sich auch die »helper« und »supressor« Zellen, die eine wichtige Rolle bei der Regulation der Blutzelldifferenzierung bilden.
Leukozyten sind unter normalen Bedingungen farblose, kernhaltige Blutzellen. Im Gegensatz zu den Erythrozyten sind sie gegenüber 3%iger Essigsäure und anderen Detergentien, wie Zaponin, resistent und werden nicht hämolysiert. Diese Eigenschaft macht man

sich bei der Leukozytenzählung zunutze. Um die Zellen besser sichtbar zu machen, hat man bei der Türks Lösung, der Essigsäurelösung, Gentianaviolett zur Kernfärbung beigegeben.

Bei der Leukozytenzählung ist zu berücksichtigen, daß alle kernhaltigen Zellen des peripheren Blutes gegen 3%ige Essigsäure resistent sind und daher mitgezählt werden. Dies sind normalerweise Granulozyten (Abb. 16, 18, 22) (neutrophile, eosinophile, selten basophile), Monozyten (Abb. 18) und Lymphozyten (Abb. 10, 18) unter pathologischen Bedingungen jedoch auch Leukämiezellen (Abb. 14, 15), kernhaltige Vorstufen der Erythrozyten (Abb. 12, 19) oder Plasmazellen (Abb. 10, 18). Darüber hinaus reagieren Granulozyten (Abb. 18) und Lymphozyten (Abb. 10, 18) aufgrund der verschiedenen Funktionen unterschiedlich bei Erkrankungen. Der Anteil der einzelnen Zellpopulationen – Granulozyten, Monozyten, Lymphozyten, Leukämiezellen und kernhaltige Vorstufen der Erythropoese – kann mit Hilfe der Leukozytenzählung allein nicht beurteilt werden. Das Differentialblutbild muß daher die Leukozytenzählung ergänzen, um die Zellart und deren Funktionszustand zu erkennen.

	Linksverschiebung
1. Bakterielle Infektionen[a] (z. B. Lungenentzündung, Harnwegsinfektionen, Blinddarmentzündung u. a.)	+
2. Nicht bakterielle Entzündungen und Gewebsnekrosen (z. B. Operationen, Herzinfarkt u. a.)	+
3. Intoxikationen a) metabolische (z. B. Urämie, Azidose u. a.) b) Vergiftungen	+ +
4. Bösartige Tumoren	+
5. Akute Blutungen und Hämolyse	+
6. Physiologische Granulozytose bei Streß-Situationen (z. B. körperliche Anstrengung, Krampfanfälle, paroxysmale Tachykardien, Nahrungsaufnahme, Schwangerschaft u. a.)	∅

[a] Es gibt einige Infektionskrankheiten, die eine Granulozytopenie zur Folge haben können. Hierzu zählen:
  a) bakterielle Infektionen: Salmonellosen
  b) virale Infektionen: Grippe, Masern, Röteln, infektiöse Hepatitis
  c) Rickettsia-Infektionen: Flecktyphus
  d) Protozoen-Infektionen: Malaria, Toxoplasmose, Trypanosomiasis
  e) septische Infektionen: miliare Tuberkulose und septische Ausstreuung anderer Erreger, aufgrund des erhöhten Granulozytenverbrauches und, oder einer toxischen Schädigung des Knochenmarkes.

Abb. 6. Ursachen für reaktive Granulozytose mit und ohne Linksverschiebung

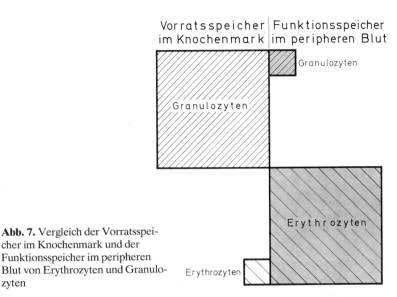

Abb. 7. Vergleich der Vorratsspeicher im Knochenmark und der Funktionsspeicher im peripheren Blut von Erythrozyten und Granulozyten

Die sog. physiologische Leukozytose ist im Gegensatz zu proliferativen Erkrankungen, wie die Leukämie, eine normale Antwort auf schädliche Stoffe, wie Bakterien, Abbauprodukte bei Gewebszerfall u. a. Sie ist gleichzusetzen mit einer ausschließlichen Vermehrung der Granulozyten – der Granulozytose –, die eine der häufigsten reaktiven Veränderungen in der klinischen Medizin ist. Die wesentlichen Ursachen für eine Granulozytose sind in Abb. 6 zusammengestellt. Bei der Beurteilung der Granulozyten muß man Produktion, Verbrauch und Verteilung der Granulozyten berücksichtigen (Abb. 7, 8). Die einzelnen Granulozyten verbleiben etwa 10 Std im peripheren Blut, so daß die gesamten Granulozyten pro Tag etwa zweieinhalbmal umgesetzt werden. Das sind 165×10^7 Granulozyten pro kg pro Tag, die etwa 1 ml Zellvolumen entsprechen. In den Funktionsreserven des Knochenmarks (Abb. 22) steht sofort mehr als die zehnfache Menge der Blutgranulozyten zur Verfügung und innerhalb weniger Tage etwa die zwanzigfache Menge (Abb. 7, 8). Im peripheren Blut selbst muß man zwischen den zirkulierenden und den randständigen Granulozyten unterscheiden (Abb. 8, 9). Die einzelnen Anteile sind unter normalen Bedingungen etwa gleich groß, verschieben sich aber reaktiv sehr leicht. Da die Leukozytenzählung nur den zirkulierenden Anteil der Granulozyten erfaßt, können Verschiebungen zwischen den zirkulierenden und den wandständigen Granulozyten Erhöhung und Erniedrigung der Leu-

Granulozytenbildung

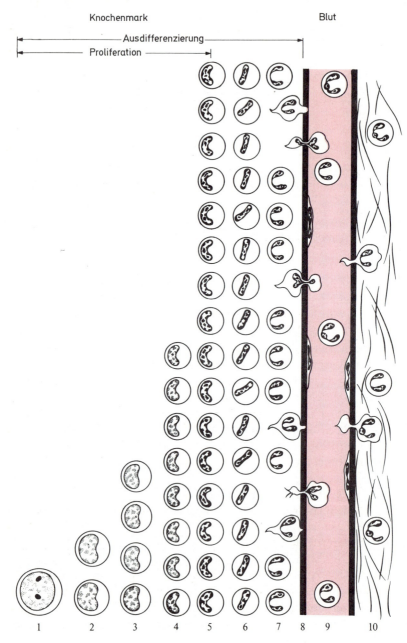

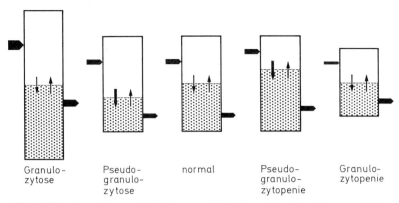

Granulo-	Pseudo-	normal	Pseudo-	Granulo-
zytose	granulo-		granulo-	zytopenie
	zytose		zytopenie	

Abb. 9. Verteilung der wandständigen und zirkulierenden Granulozyten (s. Text S. 17)

kozytenzahl vortäuschen. Eine Pseudogranulozytose durch vermehrtes Einströmen der wandständigen Granulozyten findet man schon bei Streß-Reaktionen, wie körperlichen Anstrengungen u. ä. (Abb. 6, 8, 9). Medikamentös kann die Emigration der Granulozyten in das Gewebe durch Kortikosteroide gehemmt werden und auf diesem Wege ebenfalls eine Granulozytose vortäuschen.

Eine Pseudogranulozytopenie, d. h. Abwandern der zirkulierenden Granulozyten in die Gefäßwand, sieht man bei Virämien und Hämolysen (Abb. 9). Diese Verschiebungen zwischen den zirkulierenden und wandständigen Granulozyten, vor allem bei den sog. Streßreaktionen, sind unabhängig von der Knochenmarksfunktion und eine der Hauptursachen für die großen biologischen Schwankungsbreiten bei der Leukozytenzählung (s. Normalwerttabelle). Ursachen einer echten Granulozytopenie können wie bei den Anämien

◁ **Abb. 8.** Proliferation, Ausdifferenzierung und Funktion der granulopoetischen Zellen in Knochenmark, peripherem Blut und Gewebe. Von der pluripotenten Stammzelle stammen die determinierten Stammzellen der Granulopoese, die Myeloblasten (1), ab. Die Myeloblasten vermehren sich und differenzieren zu Promyelozyten (2), von diesen zu Myelozyten (3 und 4) und schließlich zu Metamyelozyten, sog. jugendlichen (5). Danach findet keine Zellvermehrung statt, und die jugendlichen differenzieren zu stabkernigen (6) und segmentkernigen Granulozyten (7) aus. Die reifen Granulozyten gelangen durch die Gefäßwand (8) als zirkulierende Granulozyten (9) in das periphere Blut oder haften als wandständige Granulozyten an der Gefäßwand (8). Aus der Gefäßbahn gelangen sie in das Gewebe (10), wo sie absterben oder, wenn eine bakterielle Infektion vorliegt, im Rahmen der Abwehr ihre Funktion erfüllen (Aus Marcel Bessis »Blood Smears Reinterpreted«, Springer International, 1977)

und Thrombozytopenien eine verminderte Produktion oder ein vermehrter Abbau sein.

Häufigste Ursache der Granulozytopenie ist eine arzneimittelbedingte oder durch andere toxische Substanzen verursachte Blutzellbildungsstörung. Die Leukozytenzählung ist daher zur Überwachung von Langzeittherapie und von Personen, die durch toxische Substanzen am Arbeitsplatz gefährdet sind, unentbehrlich für das kleine Laboratorium. Weiterführende Untersuchungen zur Differentialdiagnose von Agranulozytose und zum frühzeitigen Erkennen von Störungen der Granulozytenfunktion, wie die Beurteilung von Knochenmarksausstrichen und von Blutzellen in der Gewebekultur, sind speziellen Laboratorien vorbehalten.

Arbeitsvorschrift

Prinzip
3%ige Essigsäure oder Zaponin zerstören die Erythrozyten. Die Leukozyten, deren Kerne durch Gentianaviolett in der Türks-Lösung violett gefärbt werden, können in der Zählkammer gut erkannt und gezählt werden (Abb. 23).

Material
Mikroskop,
Zählkammer,
Mischpipette für Leukozytenzählung (weiße Perle),
Saugschlauch mit Mundstück,
Türks-Lösung (Essigsäure-Gentianaviolett-Lösung).

Arbeitsgang
In der Leukozytenpipette wird bis zur Marke 1 oder 0,5 EDTA-Venenblut oder Kapillarblut aufgezogen. Türks-Lösung bis zur Marke 11 nachziehen und den Inhalt der Pipette gut durchmischen. Nach Verwerfen der ersten drei bis vier Tropfen die vorbereitete Zählkammer füllen. Die trockene Zählkammer wird hierzu mit einem geschliffenen Deckgläschen so abgedeckt, daß an den Auflagen des Deckglases Newton-Ringe als Zeichen der Kapillarität zu sehen sind. Im abgeblendeten oder Phasenkontrast-Mikroskop werden jetzt zwei Quadrate von je 1 mm^2 ausgezählt. Die Anzahl der Leukozyten pro Mikroliter (mm^3) ergibt sich aus: Gesamtzahl der gezählten Leukozyten, ausgezählter Fläche (2 mm^2), Höhe der Zählkammer (0,1 mm) und Verdünnung des Blutes 1:10 bzw. 1:20.

$$\frac{\text{Gesamtzahl der gezählten Zellen}}{\text{ausgezählte Fläche in mm}^2 \times \text{Kammerhöhe}} \times \text{Blutverdünnung} = \text{Leukozyten/mm}^3 *$$

Beispiel: in 2 mm² wurden 100 Zellen gezählt, Blut bis zur Marke 1 aufgezogen = 1:10 Verdünnung

$$\frac{100}{2 \times 0{,}1} \times 10 = 5000 \text{ Leukozyten/mm}^3.$$

Reproduzierbarkeit

Die Ergebnisse einer Doppelbestimmung sollen nicht mehr als 15%–30% auseinanderliegen. Die hohe prozentuale Abweichung findet sich bei Werten unter 1000 und ist durch den Fehler der kleinen Zahl bedingt.

Fehlerquellen

Wie beim Hämatokrit durch fehlerhafte Blutabnahme und ungenügendes Mischen der Venenblutprobe,
mangelhafte Mischpipetten,
unkorrektes Aufziehen,
unzureichende Durchmischung der Proben,
Fehler bei der Zählkammerfüllung,
unsaubere Zählkammer,
verunreinigte Lösungen.

Blutausstrich

Grundlagen

Der Blutausstrich hat von allen für die Untersuchung der korpuskulären Bestandteile des Blutes zur Verfügung stehenden Methoden die größte Aussagekraft. Er kann als Ausschnitt einer Momentaufnahme von Stoffwechselvorgängen der einzelnen unterschiedlich ausgereiften Zellen gewertet werden. Die Zellmorphologie sollte daher immer im Zusammenhang mit den ihr zugrundeliegenden Vorgängen des Zellstoffwechsels verstanden werden. Die biologische Grundlagenforschung hat uns in den letzten 20 Jahren zahlrei-

---

* Neue Maßeinheiten, s. S. 5

che Hinweise gegeben, die eine solche zellbiologische Betrachtung möglich machen. In den Abb. 10a u. b sind am Beispiel der Lymphozytentransformation und der Erythrozytenausdifferenzierung die Zusammenhänge zwischen Zellmorphologie und Proteinsynthese dargestellt.
Für die Färbung der Blutausstriche wird ein Gemisch aus basischen (Methylenblau, Azur) und sauren Farbstoffen (Eosin) benutzt. Auf diese Weise kann man die sauren Gruppen (DNA, zytoplasmatische

---

Abb. 10. a Transformation von immunologisch kompetenten B- und T-Zellen von ▷ kleinen Lymphozyten zu Plasmazellen bzw. Reizformen im Ramen von immunologischen Abwehrvorgängen. 1. kleiner Lymphozyt; 2. mittelgroßer Lymphozyt; 3. großer Lymphozyt – 3a) mögliche Vorstufe einer Plasmazelle – 3b) mögliche Vorstufe einer T-Zelle – 4a) Plasmazelle – 4b) große, reaktiv veränderte T-Zelle, die aufgrund spezifischer Oberflächeneigenschaften im sog. Schafs-Erythrozyten-Rosettentest als T-Zellen identifiziert werden kann. Man erkennt die deutliche Zunahme der blauen Anfärbung des Zytoplasmas bei der Transformation der kleinen Lymphozyten zu antikörpersynthetisierenden B- und T-Zellen. Plasmazellen haben ein dunkelblaues, manchmal auch rötlichblaues Zytoplasma mit einem exzentrischen Kern und einer blassen Paranuklearregion. Diese morphologischen Besonderheiten lassen sich sehr gut in bezug zur Funktion der Plasmazellen bringen. Die Plasmazellen scheiden humorale Antikörper aus. Dies erklärt ihre Vermehrung bei infektiösen Vorgängen. Der Mechanismus, der diese Antikörper produziert, ist eine Proteinsyntheseleistung, bei der eine große Anzahl von Ribosomen benötigt wird. Ribosomen enthalten einen großen Anteil von Ribonukleinsäure, daher die blaue Anfärbung des Zytoplasmas mit basischen Farbstoffen. Die Antikörper passieren den Golgi-Apparat, der im Zentrosom angesiedelt ist. Das Ergebnis ist eine blasse Paranuklearregion, denn der Golgi-Apparat ist nicht mit Giemsa-Lösung anfärbbar. Es ist bekannt, daß Antikörper sich in bestimmten pathologischen Fällen im Zytoplasma speichern können. Antikörper sind Proteine mit alkalischen Eigenschaften. Sie färben sich daher mit den sauren Farbstoffen in der Giemsa-Lösung rot. So erklärt sich der Farbwechsel von blau zu rot. **b** Ausdifferenzierung der erythropoetischen Blutzellen. Wie bei der Plasmazelle läßt sich auch hier in der morphologischen Abbildung die Funktion der einzelnen Reifungsstufen ablesen. In den unreifen basophilen Erythroblasten erkennt man eine aufgelockerte Chromatinstruktur in den Kernen und eine deutliche Basophilie des Zytoplasmas. Dies weist auf eine Aktivität des Zellkerns hin, in der bei der Zellteilung Desoxyribonukleinsäure, für das Zytoplasma Ribonukleinsäure synthetisiert wird. Im Zytoplasma findet sich noch reichlich ribosomale Ribonukleinsäure, was für eine sehr aktive Proteinbiosynthese spricht. In den ausgereiften Formen bis hin zu den reifen Erythrozyten erkennt man eine zunehmend rote Verfärbung. Ursache hierfür ist die Spezialisierung der roten Blutzellen. Im Laufe ihrer Ausdifferenzierung wird fast nur noch Hämoglobin synthetisiert. Durch diese Zunahme des Hämoglobingehaltes in der Zelle wird die rote Anfärbung verstärkt, und es entsteht eine polychromatische Mischfarbe von blau und rot im Zytoplasma. Am Ende der Proteinsynthese, nach Ausreifung der Retikulozyten zu Erythrozyten, verschwindet die zytoplasmatische Ribonukleinsäure und es bleibt nur noch die rote Farbe des Hämoglobins in den Erythrozyten des Blutausstriches zurück (Teilabbildungen 2, 3a, 3b, 4a sowie 1, 2, 3, 4 aus Begemann/Rastetter, Atlas der klinischen Hämatologie, Springer 1978)

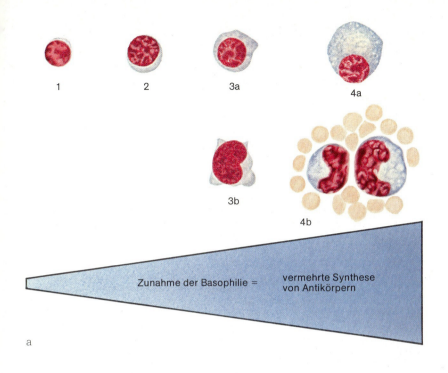

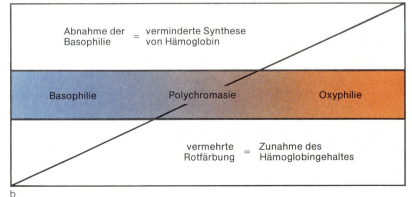

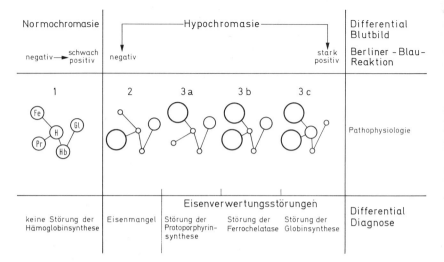

Abb. 11. Pathophysiologie der Differentialdiagnose von Anämien mit Hämoglobinsynthesestörung. Fe = Eisen; Pr = Protoporphyrin; H = Häm; Gl = Globin; Hb = Hämoglobin

RNA) mit den basischen Farbstoffen und die basischen Anteile (z. B. lysomale Enzyme in den Granula) mit den sauren Farbstoffen darstellen. Im Ausstrichpräparat erhält man so mit der einfachen Pappenheim-Färbung durch die Beurteilung von Farbintensität und Farbqualität der roten Blutzellen bereits Hinweise auf die Hämoglobinsyntheseleistung der Erythroblasten. Hypochrome Erythrozyten zeigen einen verminderten Hämoglobingehalt, der immer auf eine Störung der Hämoglobinsynthese zurückzuführen ist. Die bekannteste Ursache eines verminderten Hämoglobingehaltes der Erythrozyten ist bei uns der Eisenmangel (Abb. 11, 12). Weniger häufig sind die Störungen der Hämoglobinsynthese, die man bei genügendem Eisenangebot findet – die sog. hypochromen Anämien mit einer Eisenverwertungsstörung (Abb. 11, 12), deren Ursache eine verminderte Häm- oder Globinsynthese sein kann (Abb. 11).

Abb. 12 a–f. Darstellung von reaktiv und im Rahmen einer Bluterkrankung veränderten Erythrozyten. **a** Polychromasie und Anisozytose der Erythrozyten bei einer hämolytischen Anämie; **b** erhöhte Retikulozytenzahl bei einer hämolytischen Anämie (Brillantkresyl-Färbung); **c** Hypochromasie und Poikilozytose bei einer Thalassämie, zahlreiche kernhaltige Vorstufen der Erythrozyten im Präparat; **d** Hypochromasie und Anisozytose bei der Eisenmangelanämie; **e** Kugelzellen bei einer angeborenen hämolytischen Anämie (Sphärozytose); **f** Anisozytose und einige Sichelzellen bei einer Sichelzellanämie

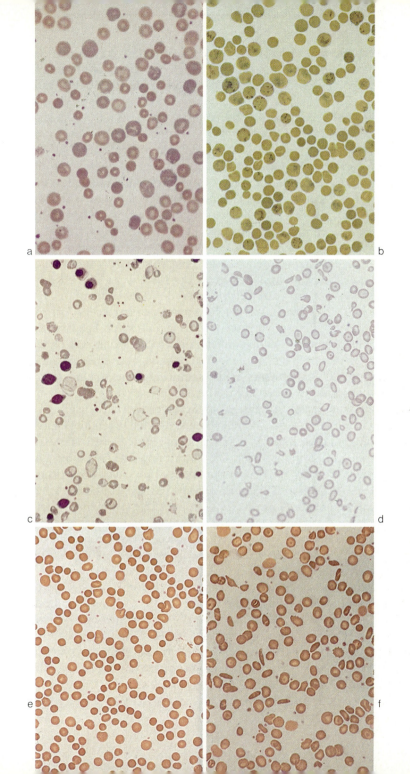

Zur ersten Gruppe gehören z. B. die Bleiintoxikation oder die sideroachrestischen Anämien, bei denen man eine verminderte Aktivität des für die Hämsynthese nötigen Enzyms findet, der Ferrochelatase. Störungen der Globinsynthese findet man beim Eiweißmangel oder bei genetischen Erkrankungen, wie z. B. der Thalassämie, wo aufgrund einer Gendeletion die Synthese der für das Globin notwendigen Alpha oder Betaketten nicht mehr möglich ist. Mit Hilfe quantitativer Methoden (Hämatokrit- und Hämoglobinbestimmung sowie Erythrozytenzählung) kann durch die Kalkulation der mittleren korpuskulären Hämoglobinkonzentration (MCHC = HB:HKT) bzw. der Hämoglobinkonzentration pro Erythrozyt, bezeichnet als mittleres korpuskuläres Hämoglobin (MCH = Hb: Erythrozyt), der Umfang des Hämoglobingehaltes quantitativ besser abgeschätzt werden. Hierbei zeigt das MCH Veränderungen des Hämoglobingehaltes eher an als das MCHC, da in die Berechnung die Veränderung des Zellvolumens der einzelnen Erythrozyten mit eingeht. Es ist z. B. bei der Eisenmangelanämie sehr frühzeitig gegenüber der Norm verringert. Die hierzu notwendige Erythrozytenzählung ist in der Zählkammer zu ungenau. Wenn man daher in der Praxis diesen Wert für die Differentialdiagnose einer Anämie benötigt, muß man ein den Qualitätskontrollen entsprechendes automatisches Zählgerät zur Verfügung haben, oder die Untersuchungen in einem entsprechend ausgerüsteten Laboratorium ausführen lassen.
Polychromasie (Abb. 12, 21) deutet auf eine jugendliche Erythrozytenpopulation hin, wie man sie bei hyperregenerativen Anämien in größerem Umfang findet. Die Anfärbung der Zellen mit basischen Farbstoffen ist auf den in diesen Erythrozyten noch vorhandenen Gehalt an Ribonukleinsäure vor allem in den Ribosomen zurückzuführen. Dieser Hinweis auf eine jugendliche Erythrozytenpopulation im Ausstrichpräparat sollte aber durch die zusätzliche Retikulozytenzählung (Abb. 12, 21) abgesichert werden, um zu entscheiden, ob eine hyper- oder hyporegenerative Anämie vorliegt. Die Anfärbung mit basischen Farbstoffen – Basophilie genannt – ist in allen Zellen, in denen noch Eiweiß synthetisiert wird, nachzuweisen. Ein gutes Beispiel hierfür ist die deutliche blaue Anfärbung des Zytoplasmas von Lymphozyten, die im Rahmen einer bakteriellen oder viralen Infektion immunologische Funktionen übernommen haben und die hierzu benötigten Antikörper synthetisieren (Abb. 10, 18). Besonders deutlich kommt dies im basophilen Zytoplasma der Plasmazellen zum Ausdruck (Abb. 10, 18).
Neben dem einfachen Nachweis von basischen und sauren Gruppen

Zytologie								
Zytochemische Reaktion	Promyelozyt → Segmentk.		Monozyt	Lymphozyt.	Proerythroblast → Erythrozyt			
PAS	diffus positiv		schw. diff. positiv, periphere Granula	negativ, granulär positiv	negativ			
Peroxydase	positiv		negativ, schwach positiv	negativ	negativ			
N-AS-D-CL-Esterase	positiv (Eosinoph θ + Basoph. θ)		negativ, schwach positiv	negativ	negativ			
α-N-Esterase	schwach positiv, negativ		positiv, stark positiv	negativ, granulär positiv	para-nucleär positiv	peri-nucleär positiv	negativ, granulär positiv	
Alkalische Phosphatase	negativ, schwach positiv		negativ	negativ	negativ			
Saure Phosphatase	schwach positiv (Eosinoph. stark positiv)		positiv, stark positiv	negativ, para-nucleär positiv	para-nucleär positiv	paranucleär positiv, negativ	negativ	
Berliner Blau	negativ		negativ, schwach positiv	negativ	negativ	negativ, schwach positiv	negativ, schwach positiv	
Sulfid-Silber	negativ		negativ, positiv	negativ	positiv	negativ, positiv		

Abb. 13. Zytologie und zytochemische Reaktionen in Blutzellen während der Ausdifferenzierung (s. Text S. 25, 27)

in der Zelle mit Hilfe der Pappenheim-Färbung können in den einzelnen Blutzellen weitere Stoffwechselprodukte, wie z. B. Eisen, Glykogen und auch bestimmte enzymatische Aktivitäten, nachgewiesen werden. Hierzu werden besondere zytochemische Nachweisverfahren benötigt, mit deren Hilfe man die für die einzelnen Zellinien der Hämopoese charakteristischen Merkmale noch näher klassifizieren kann (Abb. 13).

Anämien mit einer Hämoglobinsynthesestörung lassen sich durch den Nachweis von Nichthämoglobineisen mit Hilfe der Berliner Blau-Reaktion (Abb. 14) in die Eisenmangelanämien und die Anämien mit einer Eisenverwertungsstörung differenzieren, was wichtige therapeutische Konsequenzen hat. Bei der ersteren findet man kein Nichthämoglobineisen, und es ist eine Eisentherapie nötig. Bei den Anämien mit einer Eisenverwertungsstörung ist der Anteil des Nichthämoglobineisens in den Erythrozyten und den kernhaltigen Vorstufen deutlich erhöht, und eine Eisentherapie würde großen Schaden anrichten.

Bei der Differentialdiagnose von Leukämien gibt der Nachweis bestimmter enzymatischer Aktivitäten wie alkalische Leukozytenphosphatase (Abb. 14), saure Phosphatase (Abb. 15), verschiedene

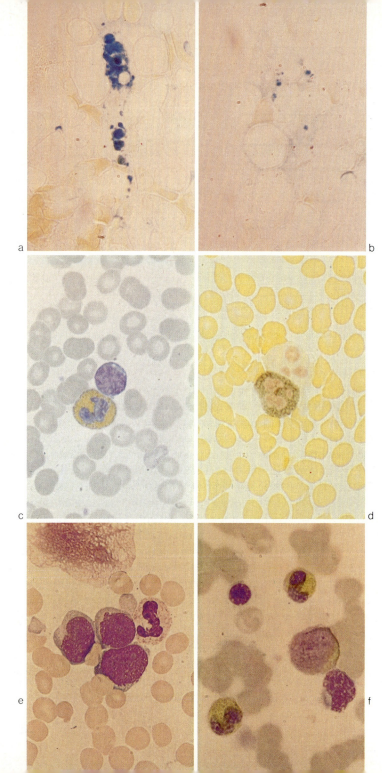

Esterasen (Abb. 15), Peroxydase (Abb. 14) und PAS-Reaktion (Abb. 15) wichtige Hinweise auf den Ausdifferenzierungsgrad der Leukämiezellen und die Möglichkeit einer Klassifizierung der einzelnen Leukämien, was in der Diagnostik und Therapie von Bedeutung geworden ist, da man bei der heutigen Leukämiebehandlung vor allem bei Kindern bei über 50% von fünfjähriger und längerer Heilung sprechen darf. Allerdings ist es bis heute nicht möglich, eine einzelne Leukämiezelle aufgrund leukämiespezifischer Merkmale nachzuweisen und in Ausstrichpräparaten von normalen Blutzellen zu unterscheiden. Hier versucht die moderne biologische Forschung vor allem mit Hilfe immunzytochemischer Methoden spezifische Hinweise in der Membranantigenstruktur zu finden, die eine Verbesserung der Diagnostik und Therapie von Leukämien möglich macht.

Die oben beschriebenen Beispiele zeigen, daß sich am Erscheinungsbild der prächtig gefärbten toten Blutzellen im Ausstrich Hinweise auf Ultrastruktur und Pathophysiologie der lebenden Blutzellen erkennen lassen. Diese Reinterpretation einzelner Blutzellen bei der Beurteilung von Ausstrichpräparaten ist eine wesentliche Grundlage für diagnostische Hinweise bei der Beurteilung zahlreicher Krankheitsbilder. Die diagnostischen Merkmale des Blutausstrichs behält und interpretiert man besser, wenn sie nicht nur in das Gedächtnis lexikonmäßig eingeprägt werden, sondern man sie begreift (z. B. Abb. 10). Marcel Bessis zeigt die Bedeutung dieser Denkweise in seinem Buch »Blood Smears Reinterpreted« (Springer International, 1977). Jeder, der diese Denkweise bei der Beurteilung der Ausstrichpräparate anwendet, kann sich so bei der täglichen Arbeit Einblick in die neuesten Erkenntnisse der modernen zellbiologischen Forschung verschaffen und auf diesem Wege im Rahmen der Sicherstellung der Krankenversorgung Krankheitsbilder und die Wirkung von Medikamenten und toxischen Substanzen am Arbeitsplatz und in der allgemeinen Umwelt auf den Zellstoffwechsel besser begreifen lernen.

◁ **Abb. 14a–f.** Zytochemische Reaktionen in normalen und pathologischen Blutzellen. **a** Nachweis von Nichthämoglobineisen in den Makrophagen des Knochenmarks mit Hilfe der Berliner Blau-Reaktion; **b** deutlich vermindertes Nichthämoglobineisen in den Makrophagen des Knochenmarks bei Eisenmangel (nur schwach positive Berliner-Blau-Reaktion); **c** positive Peroxydasereaktion in dem Granulozyten, negative Reaktion in dem Lymphozyten (Mitte oben); **d** positive Reaktion der alkalischen Leukozytenphosphatase (unten) und negativ (oben) in Granulozyten; **e** Akute myeloblasten Leukämie, Pappenheim-Färbung; **f** schwach positive Peroxydasereaktion in einer Leukämiezelle (Mitte)

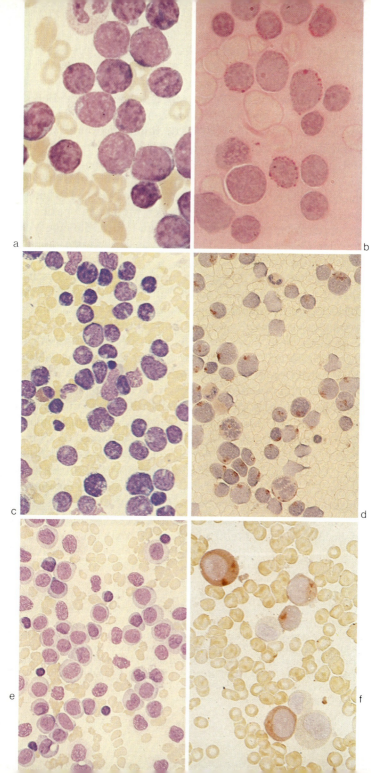

Arbeitsvorschrift

Prinzip
Die Blutzellen werden auf einem Objektträger ausgebreitet, luftgetrocknet und anschließend werden die sauren, basischen und neutralen Gruppen mit basischen bzw. sauren Farbstoffen angefärbt. Die dargestellten Blutzellen können unter dem Mikroskop nach Zellart und Reifegrad differenziert und anteilmäßig erfaßt werden.

Material
Gut gereinigte, fettfreie Objektträger,
May-Grünwald-Lösung,
Giemsa-Stammlösung,
Aqua bidest,
Weise'sche Pufferlösung,
Färbebank.

Arbeitsgang
Herstellung der Ausstrichpräparate:
Ein kleiner Tropfen EDTA-Venenblut oder Kapillarblut, nicht größer als 3 mm ⌀, wird am Ende des Objektträgers auf die Mitte gegeben. 1–2 cm vom Tropfen entfernt wird ein geschliffenes Deckgläschen oder ein Objektträger aufgesetzt und vorsichtig an den Tropfen herangezogen, bis dieser berührt wird. Kapillarkräfte verteilen den Tropfen zwischen Objektträger und Deckglas bzw. zweitem Objektträger.
In einem Winkel von 30–40° wird das Deckgläschen zügig über den Objektträger geführt, wobei der Blutstropfen gleichmäßig verteilt wird (Abb. 16). Länge und Dicke des Blutausstriches hängen von der Größe des Tropfens, dem Ausstrichwinkel und der Ausstrichgeschwindigkeit ab. Je größer Blutstropfen und Ausstrichwinkel und je langsamer die Ausstrichgeschwindigkeit, desto dicker wird der Ausstrich.
Um dicke, technisch schlechte Ausstriche zu vermeiden, muß bei einem zu großen Blutstropfen vor dem Ausstreichen ein zweites Mal

◁ **Abb. 15a–f.** Vergleich von Zytologie und zytochemischer Reaktion bei verschiedenen akuten Leukämien. **a** akute lymphatische Leukämie, Pappenheim-Färbung; **b** positive PAS-Reaktion in den Leukämiezellen; **c** akute undifferenzierte Leukämie, Pappenheim-Färbung; **d** paragranulär positive saure Phosphatasereaktion; **e** Paramonozytenleukämie, Pappenheim-Färbung; **f** positive Alpha-N-Esterasereaktion in den Leukämiezellen

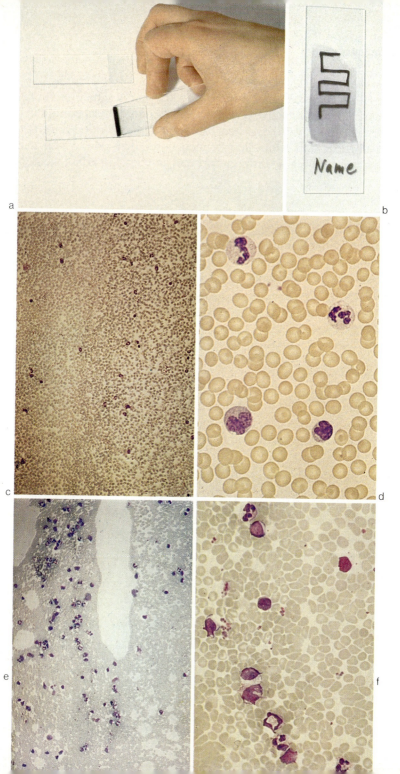

angesetzt werden (Abb. 17). Ein guter Blutausstrich hat einen dikken Anfangsteil, der dünn ausläuft. Er ist etwa 3–4 cm lang, etwas schmaler als der Objektträger und am Ende so dünn, daß er sofort nach dem Ausstreichen sichtbar zu trocknen beginnt (Abb. 16, 17). Nach Lufttrocknung wird der Ausstrich mit einem weichen Bleistift am dicken Ende beschriftet (Name des Patienten, Station, Datum).

Färbung
Zur Färbung werden die luftgetrockneten Ausstriche auf die Färbebank gelegt. Um ein Abfließen der Farblösung von den Ausstrichen zu vermeiden, werden die Objektträger waagerecht und in genügend großem Abstand randfrei auf die Färbebank gelegt. Bei der Pappenheim-Färbung werden die Ausstriche zunächst für 3 min mit May-Grünwald-Lösung überschichtet. Hierbei wird der Ausstrich zugleich fixiert, da es sich um eine alkoholische Farblösung handelt. Anschließend gibt man zur Färbung etwa die gleiche Menge Aqua bidest hinzu, mischt behutsam und überschichtet die Ausstriche mit Giemsa-Gebrauchslösung (1 Tropfen Giemsa-Lösung/1 ml Weise'sche Pufferlösung; bei größeren Mengen setzt man eine Verdünnung von 1:20 an), ohne vorher abzuspülen. Nach 10–15 min mit Aqua bidest abspülen – nicht abkippen – und zum Ablaufen des Wassers die Ausstriche mit dem dünnen Ende schräg nach oben stellen. Die Rückseite des Objektträgers sofort säubern eventuell mit Äthanol oder Methanol reinigen und lufttrocknen.

Ergebnis
Die Erythrozyten sind rötlich angefärbt, die Zellkerne meist dunkelblau, das Zytoplasma je nach Zellart blau bis farblos mit z. T. feinen, rötlich bis starkroten bzw. schwarzblauen Granula (s. Abb. 10, 12, 14, 15, 16, 18, 19, 21, 22).

Auswertung
Vor der mikroskopischen Auswertung des Blutausstriches ist es unbedingt notwendig, das Mikroskop zu überprüfen. Mit einem mangelhaften Mikroskop ist eine Auswertung des Blutausstriches un-

◁ Abb. 16a–f. Herstellung von Blutausstrichen. a Ausstreichen eines kleinen Bluttropfens; b gefärbter Ausstrich, in dem die meanderförmige Auswertung eingezeichnet ist; c gute Präparatstelle, Übersicht; d gute Präparatstelle, Ölimmersion, starke Vergrößerung; e schlechte Präparatstelle, Übersicht; f schlechte Präparatstelle, Ölimmersion, starke Vergrößerung

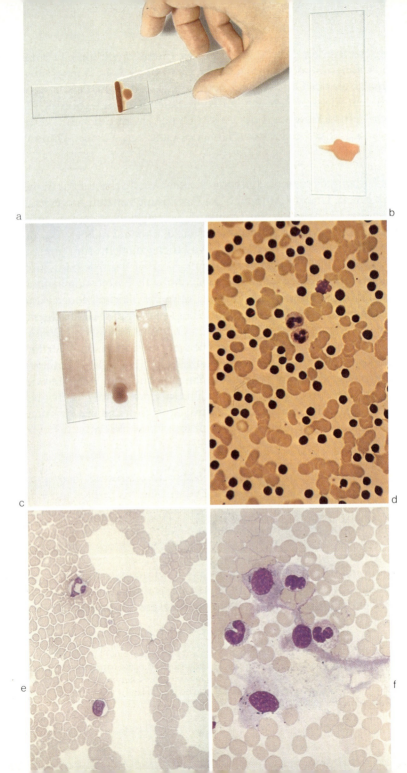

möglich. Dies muß immer wieder beachtet werden. Die häufigsten Mikroskopierfehler sind: falsche Beleuchtung, schlecht eingestellte Präparatstellen, Verschmutzung der Optik, Benutzen falscher Objektive.

Nach der Überprüfung des Mikroskopes soll zuerst mit einem schwächeren Objektiv (10×) der Ausstrich betrachtet und eine gute, repräsentative Stelle für die Beurteilung bei stärkerer Vergrößerung gesucht werden (Abb. 16). Wenn man einige Übung besitzt, sollte man das Präparat auch mit dem 40er Trockenobjektiv betrachten und hierbei Leukozyten- und Thrombozytenzahl abschätzen. Anschließend gibt man auf die Präparatstelle einen Tropfen Immersionsöl. Mit einem stärkeren Ölimmersionsobjektiv beginnt man dann mit der Beurteilung. Um Doppelzählungen zu vermeiden, verschiebt man den Ausstrich meanderförmig am Objektiv vorbei (Abb. 16).

Die kernhaltigen Zellen werden nach Art und Differenzierungsgrad einzeln mittels einer Strichliste oder eines Leucodiff-Gerätes gezählt. Das Differenzierungsergebnis von wenigstens 200 ausgezählten Leukozyten wird in Prozentzahlen angegeben. Gleichzeitig mit dem Auszählen und der Einordnung der kernhaltigen Zellen werden die Erythrozyten beurteilt sowie die Thrombozyten- und Leukozytenzahl geschätzt.

Es ist notwendig, sich für die Beurteilung der wichtigsten Charakteristika die einzelnen Zellarten und ihre Veränderungen in den verschiedenen Reifungsstadien einzuprägen. Zu diesen Kriterien gehören die Zellgröße, die Zellkernstruktur (Form, relative Größe, Chromatinstruktur, Nukleoli) und Zytoplasmaeigenschaften (Farbe, relativer Anteil, Granula) (S. 52, 53, 54).

Die Erfahrung hat gezeigt, daß man sich nicht nur an Abbildungen orientieren, sondern mögliche pathologische Befunde nach einer Checkliste abfragen sollte (S. 50).

Reproduzierbarkeit
Die Reproduzierbarkeit der Ergebnisse ist in Folge des Fehlers der kleinen Zahl abhängig von der Anzahl der einzelnen Blutzellarten und der Gesamtzahl der ausgezählten Zellen.

◁ **Abb. 17 a–f.** Herstellung von Blutausstrichen. **a** Ausstreichen eines großen Bluttropfens; **b** guter Ausstrich; **c** schlechte, zu dicke Ausstriche; **d** Vergrößerung, Ölimmersion – zu dicker Ausstrich; **e** für die Auswertung schlechte, zu dicke Präparatstelle; **f** schlechter Ausstrich mit Farbniederschlägen

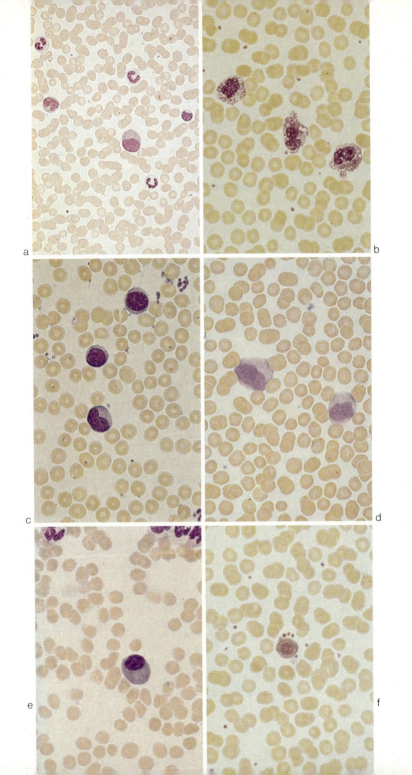

Fehlerquellen
Bei mangelhafter Ausstrichtechnik können die Präparate zu dick und ungleichmäßig sein (Abb. 16, 17). Wird beim Färben der pH-Wert des als Lösungsmittel benutzten Wassers nicht beachtet, so erhält man rot- oder blaustichige Präparate. Ist das Wasser z. B. zu sauer, werden die basischen Farbstoffe in der Farblösung festgehalten, und schwachsaure Gruppen, wie die für die Basophilie oder für die Polychromasie in den jugendlichen Erythrozyten verantwortlichen ribosomalen Ribonukleinsäuren, werden nicht angefärbt (Abb. 21).
Um Farbniederschläge (Abb. 17) zu vermeiden, darf die Farblösung erst nach sorgfältigem Abspülen mit destilliertem Wasser von den Präparaten abgekippt werden. Beim Trocknen sollen die Objektträger schräg mit dem dünnen Ausstrichende, das beurteilt werden soll, nach oben aufgestellt werden, um ein Festsetzen von Verunreinigungen zu vermeiden.
Mangelhafte Mikroskopiertechnik kann ebenfalls zu Fehlbeurteilungen führen.

Beurteilung
Nach einiger Übung lassen sich die Thrombozyten- und Leukozytenzahlen quantitativ in etwa abschätzen. Auf diese Weise erhält man schnell Hinweise auf erhöhte oder verminderte Thrombozyten- oder Leukozytenzahlen. Hierfür ist jedoch ein guter Ausstrich unabdingbare Voraussetzung. Abweichungen von der Norm müssen in der Zählkammer nachgeprüft werden.
Bei der qualitativen Beurteilung müssen die normalen Zellformen anteilmäßig erfaßt und pathologische Veränderungen der Blutzellen erkannt werden. Granulozytose, toxische Granulation (Abb. 18), Reizformen der Lymphopoese (Abb. 18) und Polychromasie der Erythrozyten (Abb. 12, 21) sind eine normale Antwort der Blutzellen auf Erkrankungen und somit reaktive Veränderungen. Im Gegensatz hierzu sind atypische Zellen bei der Leukämie (Abb. 14, 15) oder z. T. Kugelzellen bei der angeborenen Sphärozytose oder Si-

◁ **Abb. 18a–f.** Darstellung von reaktiv veränderten Leukozyten. **a** Linksverschiebung der Granulopoese und Reizform der Lymphopoese bei einer bakteriellen Infektion; **b** Linksverschiebung, toxische Granulation und Vakuolisierung im Zytoplasma bei einer schweren bakteriellen Infektion (Sepsis); **c** Lymphozytose mit Reizformen der Lymphozyten bei einer Virusinfektion; **d** reaktiv veränderte T-Lymphozyten bei Mononukleosis infectiosa; **e** Plasmazelle im peripheren Blut bei einer Rötelerkrankung; **f** großer Thrombozyt

chelzellen bei der Sichelzellanämie (Abb. 12) pathologische Veränderungen der Blutzellen selbst.
Besonders bei Frühgeborenen, Neugeborenen und Säuglingen findet man häufig reaktive Veränderungen, die der Ungeübte als pathologische Zellformen einordnet (Abb. 19). Dies ist auf die z. T. noch nicht ganz ausgereifte Regulation der Blutzellneubildung zurückzuführen. So findet man in den Erythrozyten der Früh- und Neugeborenen noch einen hohen Anteil mit fetalem Hämoglobin, der in Spezialfärbungen dargestellt werden kann (Abb. 19). Häufig sieht man in den ersten Lebenstagen noch Vorstufen der Erythro- und Granulopoese (Abb. 19), die bei älteren Kindern und Erwachsenen normalerweise nicht im peripheren Blut vorkommen. Die große biologische Schwankungsbreite der Blutwerte, wie Hämatokrit (S. 48) und Leukozytenzahl (S. 49) ist gleichfalls für diese Altersstufe typisch. Darüber hinaus findet man besonders starke reaktive Vermehrung von Vorstufen der Erythropoese bei hämolytischen Anämien.
Am deutlichsten zeigt sich das bei der Rh-Erythroblastose (Abb. 19), bei der man extrem viele Vorstufen der Erythropoese im peripheren Blut findet. Bei der weniger starken Hämolyse der ABO-Erythroblastose finden sich neben einzelnen Erythroblasten Kugelzellen als Vorstufe der Erythrozytenhämolyse (Abb. 19).

Besonderheiten
In einigen wenigen Fällen ist die Zeitdauer der Pappenheim-Färbung (10–15 min) zu lange, und man möchte gerne ein schnelles Ergebnis in wenigen Minuten haben. An jede Schnellfärbung muß die Forderung gestellt werden, daß das Ergebnis etwa dem der Pappenheim-Färbung entspricht, da sonst die Beurteilung zu Mißverständnissen führt. Zweitens sollte man nur Dauerpräparate herstellen, um im Zweifelsfall zu einem späteren Zeitpunkt einen erfahrenen Hämatologen hinzuziehen zu können.
Bereits mit der Pappenheim-Färbung erreicht man auf einfachem

---

Abb. 19a–f. Morphologische Besonderheiten in Blutausstrichen von Früh- und Neugeborenen. **a** Normoblasten und Kugelzellen bei einem Neugeborenen mit ABO-Erythroblastose; **b** Erythroblasten aller Reifungsstufen bei einem Neugeborenen mit Rh-Erythroblastose; **c** Darstellung von fetalem Hämoglobin bei einem Neugeborenen – Erythrozytenschatten enthielten Erwachsenenhämoglobin. Angefärbt sind die Erythrozyten mit fetalem Hämoglobin; **d** Jolly-Körperchen in den Erythrozyten; **e** Erythroblasten, Lymphozytose und vereinzelt Kugelzellen bei einem normalen Neugeborenen; **f** zahlreiche Kugelzellen bei einem normalen Neugeborenen

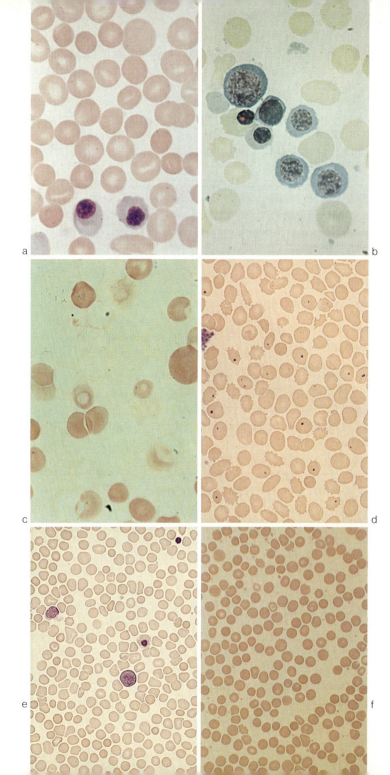

Wege eine Zeitersparnis. Man kann, um eine Schnellfärbung zu erreichen, die May-Grünwald-Färbung auf 1 min verkürzen und dann direkt mit konzentrierter Giemsa-Lösung 1 min nachfärben. Die Präparate sind dann nicht so gut wie bei der regulären Pappenheim-Färbung, aber auswertbar. Gut ist eine im Handel angebotene Schnellfärbung (Diff-Quick), mit deren Hilfe man bei einiger Übung in einfacher Weise in 1 min relativ gut gefärbte Präparate erhalten kann (Abb. 6).
Problematisch sind die gebrauchsfertigen, farbbeschichteten Objektträger zur Differentialblutbildfärbung in der Praxis, da sie nicht als Dauerpräparate aufgehoben werden können und der Zeitaufwand im Endeffekt genauso groß ist wie bei einer normalen Pappenheim-Färbung.

Thrombozytenzählung

Grundlagen

Die Blutplättchen oder Thrombozyten sind kernlose Körper. Im Blutausstrich haben sie in ausgebreiteter Form einen Durchmesser von 1,5–4,5 μ und in der Zählkammer in kugeliger Form von etwa 1–2 μ. Normalerweise finden sich im Blut 150000–400000 Thrombozyten pro mm^3. Diese spielen eine wichtige Rolle bei der Blutstillung. Bei normaler Thrombozytenfunktion sind etwa 50000 Thrombozyten pro mm^3 noch ausreichend für die Blutstillung. Bei weniger als 10000 Thrombozyten pro mm^3 treten lebensgefährliche Blutungen auf. Abgesehen von ihren Aufgaben bei der Blutgerinnung sind die Thrombozyten auch bei Abwehrvorgängen beteiligt. Mikroorganismen und Antigen-Antikörperkomplexe können an die Thrombozytenoberfläche absorbiert und dann phagozytiert werden. Hierbei kann die viskose Metamorphose der Blutplättchen ausgelöst werden, und es entsteht ein erheblicher Thrombozytenverlust. So findet man bei Immunreaktionen nicht selten Thrombozytopenien.
Im peripheren Blut befindet sich im Gegensatz zu den Erythrozyten und Granulozyten etwa die drei- bis achtfache Menge der tatsächlich benötigten Thrombozyten. Normalerweise stehen bei einer plötzlich auftretenden Blutung also genügend Thrombozyten sofort zur Blutstillung zur Verfügung. Demgegenüber finden sich aber keine Funktionsreserven im Knochenmark, wie bei den Granulozy-

ten und Erythrozyten (Abb. 20). Eine gewisse Funktionsreserve – etwa 30% der peripheren Thrombozyten – ist in der Milz vorhanden, und die Ausreifung der Thrombozyten im Knochenmark kann bei starkem Verlust um etwa 50% beschleunigt werden. Diese beschleunigte Ausreifung reicht allerdings nicht aus, um einen Thrombozytenabfall, z. B. nach bestimmten Medikamenten, sofort zu kompensieren. Es dauert etwa drei Tage bis zur Wiederherstellung normaler Thrombozytenzahlen, nachdem die Ursache der Thrombozytenzerstörung beseitigt worden ist.

Die Thrombozyten reifen im Knochenmark in etwa 10 Tagen aus und bleiben dann 10 Tage im peripheren Blut. Bei Abbau oder Verlust von Thrombozyten verlassen wie bei der hyperregenerativen Anämie und den reaktiven Granulozytosen eine erhöhte Anzahl weniger ausgereifter Thrombozyten das Knochenmark. Im Differentialblutbild erscheinen diese Thrombozyten größer als die normalerweise an das periphere Blut abgegebenen Thrombozyten (Abb. 18). Wie bei den Anämien und Granulozytopenien kann die Ursache der Thrombozytopenie eine verminderte Produktion oder ein vermehrter Verlust sein.

Nach Thrombozytopenien können die Thrombozyten relativ deutlich erhöht sein. Diese relative Thrombozytose unterscheidet sich von den proliferativen Erkrankungen, den Thrombozytämien.

Die Thrombozyten können direkt in der Zählkammer nach Hämolyse der Erythrozyten gezählt werden oder indirekt im Blutausstrich. Die Zählkammermethode ist genauer und nicht von der Ausstrichtechnik abhängig. Bei sorgfältiger Ausstrichtechnik genügt die indirekte Methode als orientierende Untersuchung. Man muß lediglich beim Herstellen der Ausstrichpräparate eine Aggregation der Thrombozyten verhindern. Der Vorteil hierbei ist, daß ein guter Blutausstrich diese Information automatisch mitliefert. Pro 1000 Erythrozyten findet man normalerweise etwa 30–60 Thrombozyten. Pathologische Werte sollten jedoch mit Hilfe der Kammerzählung kontrolliert werden.

Arbeitsvorschrift

Prinzip
In einer 3%igen Procainlösung werden die Erythrozyten hämolysiert. Die Thrombozyten können nach Sedimentation auf den Zählkammerboden im abgeblendeten Hellfeld, besser im Phasenkontrastmikroskop gezählt werden (Abb. 23).

Thrombozytenbildung

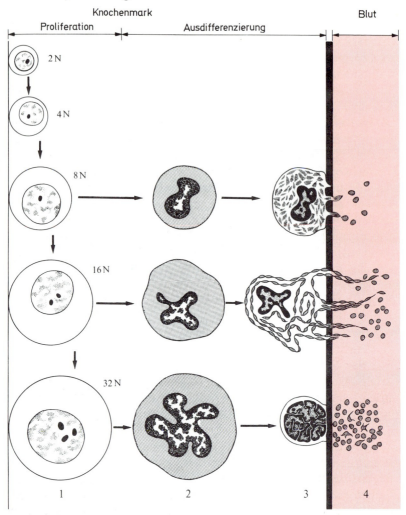

Abb. 20. Vermehrung und Ausreifung der Thrombozyten. Im Gegensatz zu den Granulozyten und Erythrozyten vermehren sich die Vorstufen nur innerhalb der Zellkerne, so daß riesige Zellen mit sehr großen Zellkernen entstehen, die sog. basophilen Megakaryozyten (1). Hierbei kann die Zahl der Zellkernteilungen sehr unterschiedlich sein. Sobald die Ausdifferenzierung zu granulären Megakaryozyten erfolgt, stoppt die Zellteilung (2). Nach Bildung der Plättchen (3) lösen sich die Megakaryozyten auf, und die Plättchen gelangen direkt in die Blutzirkulation (4). Im Gegensatz zu den Granulozyten und Erythrozyten findet sich keinerlei Vorrat für Thrombozyten im Knochenmark. Nahezu alle Blutplättchen zirkulieren. Funktionsspeicher und Vorratsspeicher der Blutplättchen sind eins (s. Text S. 39) (Aus Marcel Bessis »Blood Smears Reinterpreted«, Springer International, 1977)

Material
Mikroskop,
Zählkammer,
Leukozytenmischpipette,
feuchte Kammer,
3%ige Procainlösung.

Arbeitsgang
In der Leukozytenpipette wird EDTA-Venenblut oder Kapillarblut bis zur Marke 0,5 aufgezogen, dann bis zur Marke 11 mit der Procainlösung nachgefüllt. Nach gutem Durchmischen 30–60 min liegen lassen. Die Zählkammer wie bei der Leukozytenzählung füllen, die gefüllte Zählkammer für 10–15 min zum Sedimentieren der Thrombozyten in eine feuchte Kammer legen. Anschließend fünf Gruppenquadrate auszählen (Abb. 23). Die Anzahl der Thrombozyten pro mm^3 ergibt sich aus: Anzahl der gezählten Thrombozyten, ausgezählter Fläche (0,2 mm^2), Höhe der Zählkammer (0,1 mm) und Verdünnung des Blutes (1:20).

$$\frac{\text{Gesamtzahl der gezählten Zellen}}{\text{ausgezählte Fläche in mm}^2 \times \text{Kammerhöhe in mm}} \times \text{Blutverdünnung} = \text{Thrombozyten/mm}^3$$

Beispiel: in 0,2 mm^2 wurden 250 Zellen gezählt, Verdünnung 1:20

$$\frac{250}{0,2 \times 0,1} \times 20 = 250\,000 \text{ Thrombozyten/mm}^3$$

Reproduzierbarkeit
Die Doppelbestimmung sollte bei sorgfältiger Arbeit und etwa 200 und mehr gezählten Thrombozyten nicht mehr als 10%–15% abweichen. Die hohe Varianz ist wie bei der Leukozytenzählung durch den Fehler der kleinen Zahl und die nicht ganz vermeidbare Inhomogenität der Thrombozytensuspension bedingt.

Fehlerquellen
Wie bei der Leukozytenzählung – zusätzlich Fehler durch Plättchenaggregation bei fehlerhafter Blutentnahme mit beginnender Gerinnung und nicht genügender Sedimentation der Thrombozyten in der Zählkammer.

Besonderheiten
Für die Thrombozytenzählung steht eine einfach zu handhabende, standardisierte Methode zur Verfügung (Thrombosol). Wie für die oben beschriebene Thrombozytenzählung kann EDTA-Venenblut oder Kapillarblut benutzt werden.
Für die Thrombozytenzählung wird eine mit Blut gefüllte 20 µl-Einmalpipette in ein mit 2 ml Thrombosol gefülltes Teströhrchen entleert. Nach Hämolyse wird die Zählkammer beschickt, und die Thrombozyten werden in fünf Gruppenquadraten ($= 0{,}2 \text{ mm}^2$) gezählt. Die gezählten Thrombozyten $\times$ 5000 ergeben dann die Thrombozytenzahl/µl im Blut.

Retikulozytenzählung

Grundlagen

Der Retikulozyt entsteht im Knochenmark, direkt nach dem Ausstoßen des Kerns aus den oxyphilen Normoblasten. Obwohl der Retikulozyt keinen Kern mehr hat, enthält er noch die Zellorganellen und Makromoleküle, die für die Hämoglobinsynthese benötigt werden. Dies sind Mitochondrien (Hämsynthese und Bereitstellung der für den Stoffwechsel benötigten Energie), Ribosomen und weitere für die Globinsynthese notwendige Makromoleküle wie Messenger-Ribonukleinsäure, Transfer-Ribonukleinsäure und spezifische Enzyme. Im Differentialblutbild erscheinen die Retikulozyten größer als die ausgereiften Erythrozyten, und es besteht eine leicht diffuse bläuliche Färbung – Basophilie – die als Polychromasie bezeichnet wird (Abb. 12, 21). Der jugendliche Erythrozyt wird als Retikulozyt bezeichnet, da bei der Vitalfärbung mit Brillant-Kresyl-Blau der Farbstoff phagozytiert werden kann und die zytoplasmatischen Zellorganellen artefiziell verklumpen und als netzförmige Gebilde dargestellt werden (Abb. 12, 21). Obgleich die Retikulozyten aufgrund ihrer Polychromasie im Differentialblutbild zum Teil er-

---

Abb. 21 a–f. Herstellung von Retikulozytenpräparaten. **a** u. **b** Abhängigkeit der Polychromasie jugendlicher Erythrozyten vom pH; **a** bei pH 6,8 gefärbt; **b** nach Behandlung mit destilliertem Wasser von pH 6; **c–e** Herstellung von Retikulozytenpräparaten; **f** Retikulozytendarstellung bei stärkerer Vergrößerung

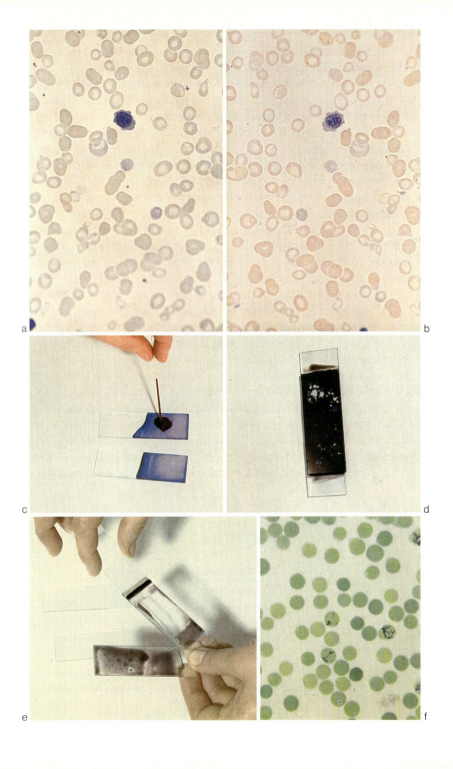

faßt werden können, ist eine sichere Beurteilung der Retikulozytenzahl nur mit Hilfe der Vitalfärbung möglich.

Unter normalen Umständen wird vom Knochenmark innerhalb von 24 Std etwa 1% der zirkulierenden Erythrozyten durch Retikulozyten ersetzt. Fast alle ausgereiften Erythrozyten sind als Retikulozyten in das periphere Blut gelangt (Abb. 4). Die Ausreifung eines Retikulozyten zum Erythrozyten dauert im peripheren Blut normalerweise ein bis zwei Tage. Danach leben sie noch etwa 120 Tage als ausgereifte Erythrozyten weiter. Man kann daher etwa 1% Retikulozyten in den zirkulierenden Erythrozyten erwarten und Veränderungen der erythropoetischen Aktivität – sowohl eine vermehrte als auch eine verminderte Bildung der Erythrozyten – erfassen. Eine bessere Beurteilung der Knochenmarksfunktion wird erreicht, wenn man die Retikulozyten nicht nur prozentual als Anteil der Erythrozyten erfaßt, sondern mit Hilfe des Hämatokrits die absolute Retikulozytenzahl pro mm^3 festsetzt und den Retikulozytenindex bestimmt, welcher die Retikulozytenzahl für pathologisch verminderte Erythrozytenzahlen korrigiert. Bei einem erniedrigten Hämatokrit werden die Retikulozyten frühzeitiger aus dem Knochenmark in das periphere Blut abgegeben. Diese Retikulozyten sind weniger ausgereift, und so beträgt bei einem Hämatokrit von 25 die Lebenszeit der Retikulozyten zwei Tage, bei einem Hämatokrit von 15 etwa zweieinhalb Tage. Wenn man als Normalwert für den Hämatokrit 45 einsetzt, kann man aus dem ermittelten prozentualen Anteil der Retikulozyten und dem Hämatokritwert die absolute Retikulozytenzahl errechnen und durch Einbeziehen der vom Hämatokritwert abhängigen Lebenszeit der Retikulozyten den Retikulozytenindex feststellen.

$$\text{absolute Retikulozytenzahl} = \frac{\%^1 \text{Retikulozyten} \times \text{Hämatokrit}}{45}$$

$$\text{Retikulozytenindex} = \frac{\text{absolute Retikulozytenzahl}}{\text{Lebenszeit der Retikulozyten}}$$

Beispiel:
Retikulozyten = 20%
Hämatokrit = 18

---

[1] Bei der Festlegung der absoluten Retikulozytenzahl werden bei der Berechnung die Retikulozyten in % und nicht in ‰ angegeben.

absolute Retikulozytenzahl = $\dfrac{20 \times 18}{45} = 8$

Retikulozytenindex = $8 : 2^2 = 4$

Beträgt der Retikulozytenindex mehr als zwei, so liegt ein hyperaktives Knochenmark vor. Die Retikulozytenzählung gibt somit eine der nützlichsten Informationen zur Differentialdiagnose einer Anämie. In weniger als fünf Minuten erhält man in einfacher Weise eine sichere Aussage über die Funktion des Knochenmarks im Rahmen der Erythrozytenneubildung.

Arbeitsvorschrift

Prinzip

Supravital färbbare, netzförmige Innenstrukturen der Erythrozyten werden mit Brillant-Kresyl-Blau dargestellt. Sodann zählt man den Anteil der gefärbten Erythrozyten im Ausstrich aus.

Material

Mikroskop,
Objektträger,
5%ige alkoholische Brillant-Kresyl-Blau-Lösung.

Arbeitsgang

5%ige alkoholische Brillant-Kresyl-Blau-Lösung auf dem Objektträger verteilen und lufttrocknen. Dies geschieht in einfacher Weise, indem man einen Tropfen der Lösung auf einen Objektträger gibt und diesen mit einem zweiten Objektträger abdeckt. Man erreicht so die notwendige gleichmäßige Verteilung. Anschließend trennt man beide Objektträger. Auf die Schichtseite eines so vorbereiteten Objektträgers werden nun 3–6 Tropfen Blut geträufelt und mit dem zweiten Objektträger – Farbschicht gegen Farbschicht – zugedeckt (Abb. 21). Das Blut und die Brillant-Kresyl-Blau-Lösung werden durch mehrmaliges Abheben und Verschieben der Objektträger vermischt. Nach 2–5 min werden die Objektträger vorsichtig getrennt, und von dem Blut-Farbgemisch stellt man Ausstrichpräparate her, die luftgetrocknet werden (Abb. 21).

---

[2] Bei einem Hämatokrit von 18 ist die Lebenszeit der Retikulozyten auf 2 Tage erhöht, was bei der Berechnung des Retikulozytenindexes berücksichtigt werden muß.

Ergebnis
Die Erythrozyten sind unterschiedlich stark grünblau angefärbt. In den Retikulozyten ist die Substantia granulofilamentosa dunkelblau dargestellt (Abb. 12, 21).

Auswertung
An vier voneinander getrennt liegenden Objektträgerstellen werden je 250 Erythrozyten und gleichzeitig hierbei gesehene Retikulozyten gezählt. Aus der Summe der vier Zählungen ergibt sich die Anzahl der Retikulozyten pro 1000 Erythrozyten = relative Retikulozytenzahl.

Reproduzierbarkeit
Durch den Fehler der kleinen Zahl ist die Variabilität bei Mehrfachbestimmungen in Abhängigkeit von der Retikulozytenzahl sehr groß.

Fehlerquellen
Unregelmäßigkeiten in der Ausstrichtechnik, Fehler bei der Färbung und – wie bei der Beurteilung des Blutausstriches – unzureichende Mikroskopiertechnik.

Besonderheiten
Es sind neuerdings Probenröhrchen zur Zählung der Retikulozyten im Handel, in denen die Farblösung vordosiert ist. Man kann Na-EDTA Venenblut und kein Kapillarblut benutzen.

Anhang zum Blutbild

1. Erythrozyten-Normalwerte* bei Neugeborenen, Säuglingen, Kindern und Erwachsenen

Alter	Hämatokrit Vol. %	Hämoglobin g/100 ml	Mittlere Hämoglobinkonzentration g/100 ml
1. Tag	60 (45–75)	21,5 (17–27)	37,5
2. Woche	50 (40–65)	18 (14–24)	36
1. Monat	45 (30–55)	16 (12–22)	35
2. Monat	38 (32–50)	13 (10–18)	34
6. Monat	38 (34–46)	12 (10–15)	33
1. Jahr	37 (34–44)	11,9 (9,5–14,5)	32
4. Jahr	38 (33–42)	12,5 (10–15)	33
10. Jahr	39 (36–43)	13 (11–16)	33
Männer 10–20 J.	46 (37–54)	14,6 (12,1–17,2)	32
Männer 20–40 J.	47 (41–55)	15,8 (13,3–18,2)	33
Männer über 40 J.	46 (41–52)	15,6 (14,1–17,0)	33,6
Frauen 10–20 J.	43 (38–50)	13,9 (12,0–16,4)	32
Frauen 20–40 J.	42 (35–49)	14,1 (11,8–17,5)	33
Frauen über 40 J.	44 (40–52)	13,9 (12,7–16,3)	32
Männer	46	15	32,6
Frauen	41	13	32

* Neue Maßeinheiten s. S. 5

2. Leukozyten-Normalwerte* bei Neugeborenen, Säuglingen, Kindern und Erwachsenen

Lebensalter	Leukozyten total/µl		Neutro-phile Mittelw. %	Granulozyten total %		Eosinophi-le Granu-lozyten Mittelw. %	Basophile Granulozy-ten Mittelw. %	Lympho-zyten Mittelw. %	Monozyten Mittelw. %
	Mittel-wert	Extrem-bereich		stabkernig Mittelw. %	segment-kernig Mittelw. %				
1 Tag	18900	9400–34000	61	9	52	2,4	0,5	31	5,8
1 Woche	12200	5000–21000	45	6	39	4,1	0,4	41	9,1
2 Wochen	11400	5000–20000	40	6	34	3,1	0,4	48	8,8
4 Wochen	10800	5000–19500	35	5	30	2,7	0,5	56	6,5
6 Monate	11900	6000–17500	32	4	28	2,5	0,4	61	4,8
12 Monate	11400	6000–17500	31	3	28	2,6	0,4	61	4,8
4 Jahre	9100	5500–15500	42	3	39	2,8	0,6	50	5,0
10 Jahre	8100	4500–13500	54	3	51	2,4	0,5	38	4,3
Erwachsene	7000	3500–11000	59	3	56	2,7	0,5	34	4,0

* Neue Maßeinheiten s. S. 5

3. Checkliste zur Beurteilung normaler und pathologischer Ausstrichpräparate peripherer Blutzellen

Erythrozyten	Anzahl	normal	vermindert	hyperchrom
	Farbquantität	normal	hypochrom	
	Farbqualität	normal	polychromatisch	
	Größe	normal	mikrozytär	makrozytär
	Form	normal	sphärozytär	andere Veränderungen
	Einschlußkörper	keine	vorhanden	Art
	kernhaltige Vorstufen	keine	vorhanden	
Leukozyten	Anzahl	normal	vermehrt (Leukozytose)	vermindert (Leukopenie)
	Verteilung	normal	Granulozytose	Lymphozytose	Monozytose
	Anzahl der Eosinophilen	normal	vermehrt	
	Anzahl der Basophilen	normal	vermehrt	
	Anomalien	keine	vorhanden	Art
	unreife Vorstufen	keine	vorhanden	Art
	atypische mononukleäre Zellen	keine	vorhanden	Art
Thrombozyten	im Ausstrich zu beurteilen	ja	nein	
	Anzahl	normal	vermehrt (Thrombozytose)	vermindert (Thrombozytopenie)

4. Morphologische Charakteristika pathologisch veränderter peripherer Blutzellen

	Farbanomalien	Größenveränderungen (Fläche)	Formveränderungen	Einschlußkörper
Erythrozyten	Polychromasie Hypochromasie (Mikrozyten, Anulozyten, Targetzellen) Hyperchromasie (Sphärozyten, Makrozyten)	Mikrozyten Sphärozyten Makrozyten Targetzellen	Sphärozyten Eliptozyten Sichelzellen Acanthozyten Schistozyten u. a.	Howell-Jolly-Körperchen Heinz-Körperchen basophile Tüpfelung Pappenheim-Körperchen Cabotsche Ringe
	Kernveränderungen		Zytoplasmaveränderungen	
Granulozyten	Pelger-Huet-Anomalie Hypersegmentierung		Vakuolisierung verminderte oder fehlende Granulalation toxische Granulation Adlersche Granulationsanomalie Chediak-Steinbrink-Anomalie Doehlesche Körperchen May-Hegglin-Anomalie Erythrophagozytose L. E.-Zellen Auer-Stäbchen	
Lymphozyten	Pelger-Huet-Anomalie		Vakuolen vermehrte Basophilie Adlersche Granulationsanomalie Chediak-Steinbrink-Anomalie	
atypische mononukleäre Zellen	lymphatische Reizformen (u. a. Mononukleose-Zellen) Parablasten (Leukämiezellen)			

Abb. 22. a Knochenmark, Übersicht; **b** normales Knochenmark in stärkerer Vergrößerung; **c** Megakaryozyten im Knochenmark; **d** Knochenmark bei einer Promyelozytenleukämie; **e** eosinophiler Granulozyt; **f** basophiler Granulozyt

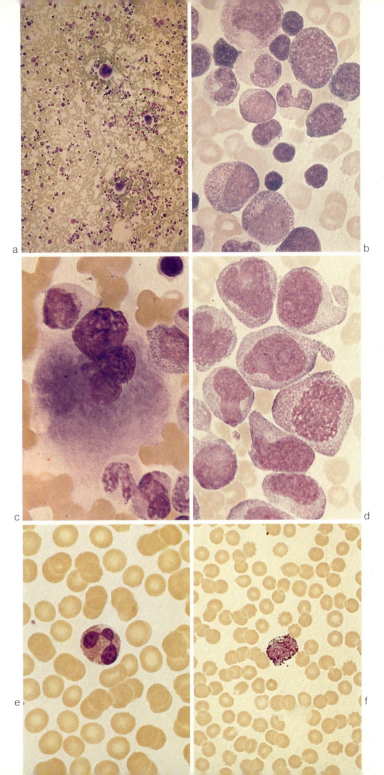

5. Morphologische Charakteristika der Granulopoese (Abb. 22)

Zelltyp		Größe μ	Zellkern			Zytoplasma		Granula		
			Nukleoli	Chromatin-struktur	Form	relativ. Anteil	Farbe	Anzahl	Größe	Farbe
Promyelozyt		12–20	2–4	aufgelockert	oval od. rund	mittelmäßig	hellblau	reichlich	mittelgroß	azur
Myelozyt		12–18	keine	mittel	rund od. oval	mittelmäßig	bläul.-rosa	reichl.	mittelgroß	azur
Metamyelozyt		10–18	keine	dicht	oval bis bohnenförmig	mittelmäßig	leicht bläul.-rosa	reichl.	mittelgroß	violett rosa
Stabkerniger		10–16	keine	dicht	stabförmig	reichl.	rosa	reichl.	mittel	violett rosa
neutrophiler Granulozyt		10–15	keine	mittel	segmentiert	reichl.	rosa	viele	klein	violett rosa
eosinophiler Granulozyt		10–15	keine	mittel	segmentiert	reichl.	rosa	viele	groß	rot
basophiler Granulozyt		10–15	keine	mittel	segmentiert	reichl.	rosa	viele	groß	dunkelblau

6. Morphologische Charakteristika der Erythropoese (Abb. 10 u. 19)

Zelltyp		Größe μ	Zellkern		Zytoplasma	
			Nukleoli	Chromatin-struktur	Farbe	Granula
Pronormoblast – basophiler Normoblast		12–19	vorhanden – keine	fein – weniger fein	blau	keine
polychromatischer Normoblast – oxyphiler Normoblast		8–15	keine	mittel – dicht	bläulich-rot – rot	keine
Retikulozyt		7–10		Retikulum	rot	keine
Erythrozyt		7		keine	rot	keine

7. Morphologische Charakteristika der Lymphopoese, Monozyten und Plasmazellen (Abb. 10 u. 18)

Zelltyp	Größe μ	Zellkern			Zytoplasma		
		Nukleoli	Chromatin-struktur	Form	relativer Anteil	Farbe	Granula
Lymphoblast	10–18	1–2	mittel	oval	gering	dunkelblau	keine
Lymphozyt	7–18	keine	grob	gekerbt	gering od. mittelmäßig	veränderl.	keine od. wenige azure Gr.
Monozyt	12–20	keine	fein	oval – ge-kerbt – huf-eisenförmig	reichlich	graublau	wenige lila Gr.
Plasmazelle	7–15	keine	sehr grob	rund	reichlich	dunkelblau	keine

Anhang zum Blutbild, 5., 6., 7. morphologische Charakteristika. Es sind die determinierten Stammzellen (Myeloblast, Lymphoblast, Vorläuferzellen der Erythropoese und Thrombocytopoese) nicht immer mit angeführt, da sie sich morphologisch nicht voneinander unterscheiden lassen. Die Normenklatur der Vorstufen der Erythropoese wird in der Literatur unterschiedlich gehandhabt. Hier haben wir alle normalen Zellformen als Normoblasten bezeichnet (s. auch Abb. 4). Für normale und pathologische Zellformen haben wir Erythroblasten als Oberbegriff gewählt (s. Abb. 10, 13).

Blutsenkungsgeschwindigkeit

Grundlagen

Die Bestimmung der Blutsenkungsgeschwindigkeit (BSG) ist nach wie vor eine der wichtigsten Routineuntersuchungen in der Sprechstunde und am Krankenbett. Sie liefert zwar nur unspezifische Hinweise, doch sie gibt Auskunft darüber, ob eine schwerwiegendere Erkrankung vorliegen könnte und man weitere diagnostische Untersuchungen einleiten sollte. Jede erhöhte BSG muß Anlaß zu weiterem Forschen nach einem Krankheitsherd sein. Im Krankheitsverlauf ist die BSG einer der wichtigsten Parameter der Verlaufskontrolle.

Arbeitsvorschrift

Prinzip
In einer Kapillare sedimentieren in ungerinnbar gemachtem Venenblut die korpuskulären Bestandteile des Blutes.

Material
BSG-Kapillaren, Ständer für die Kapillaren.

Arbeitsgang
Frisch entnommenes Venenblut wird mit einer wäßrigen Lösung von Natriumzitrat in einer Konzentration von 3,6% im Verhältnis 4:1 gemischt und sofort in die BSG-Kapillaren aufgezogen und aufgestellt. Die Senkung der korpuskulären Bestandteile wird nach einer und nach zwei Std. abgelesen.
Stellt man die Kapillaren schräg in einem Winkel von 60° auf, sedimentieren die Blutkörperchen schneller und rutschen am Rand nach unten, so daß man bereits nach 7 und 10 min ablesen kann.

Beurteilung
Werte über 8 nach einer Std und 20 nach 2 Std gelten als pathologisch. Bei der Schnellmethode gelten Werte bis 10 nach 7 min und bis 20 nach 10 min als normal.

Fehlerquellen
Die Methode darf nicht variiert werden, wenn die Ergebnisse vergleichbar sein sollen. So ist es z. B. nicht statthaft, EDTA- oder Heparin-Venenblut zu benutzen. Das Blut sollte auch nicht längere Zeit vorher stehen, da dann schon während dieser Zeit Zusammenballungen stattfinden können und höhere BSG-Werte die Folgen sind.

Urinstatus

Einführung

Die Bedeutung der Harnuntersuchung hat in der Medizin eine sehr wechselhafte Geschichte erfahren. Im 2. Jahrhundert n. Chr. hat Claudius Galenus von Pergamon in seiner Theorie der Säftelehre die Meinung vertreten, daß sich ein krankhafter Zustand auch im Harn zeigen müsse. In den folgenden Jahrhunderten spielte der Harnbefund immer wieder eine wichtige Rolle in der Diagnostik. Im späten Mittelalter war die Harnschau eine der wichtigsten Tätigkeiten des Arztes (Abb. 23). Diese sehr spekulative Diagnostik wurde in der Neuzeit verlassen, und die Methoden der Naturwissenschaften, d. h. die chemische Harnuntersuchung, gewannen Ende des 18. Jahrhunderts zunehmend an Bedeutung. Um die Jahrhundertwende hatte die Harnanalyse in der Diagnostik ihren Standardplatz. Heute stehen moderne chemische, bakteriologische und mikroskopische Untersuchungsmethoden zur Verfügung, die ein spezifisches und rasches Arbeiten im Harnlabor jeder Praxis ermöglichen. Der Urinstatus hat im Rahmen der Vorsorgeuntersuchung und auch der weiterführenden Diagnostik eine überragende Bedeutung gewonnen. Einfach und schnell lassen sich im Urin erste Hinweise auf einen Diabetes mellitus, Lebererkrankungen, Nierentumoren und Harnwegsinfektionen erfassen, noch bevor klinische Symptome erkennbar sind. Dies ist auf die Tatsache zurückzuführen, daß im Urin frühzeitig und vermehrt Stoffe ausgeschieden werden, die auf krankhafte Störungen im Körper hinweisen – wie z. B. die Glukosurie beim Diabetes mellitus oder die vermehrte Ausscheidung von Urobilinogen bei Funktionsstörungen der Leber im Rahmen einer Virushepatitis oder toxischer Schädigungen der Leber durch Alkohol. So haben orientierende Untersuchungen bei sog. Normalpersonen gezeigt, daß jeder zweite bis dritte manifeste Diabetiker noch nicht erkannt war, bei denen durch die Früherkennung irreversible Schäden hätten vermieden werden können.

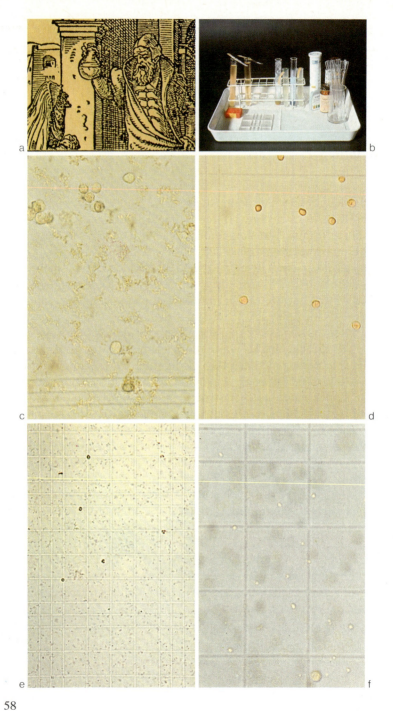

Auch bei Lebererkrankungen nimmt man an, daß in der Größenordnung von 5% der sog. gesunden Bevölkerung noch unerkannte Lebererkrankungen vorliegen. Diese hohe Morbiditätsrate macht wie beim Diabetes mellitus orientierende Voruntersuchungen bei Normalpersonen notwendig. Dies ist schnell und einfach möglich mit Hilfe des Urobilinogennachweises im Urin.

Die Hämaturie weist auf zahlreiche renale und prärenale Erkrankungen hin. Sie gibt häufig den ersten Hinweis auf schwere Erkrankungen, ohne daß andere klinische Symptome bestehen. Hierher gehören besonders die Früherkennung von Tumoren der Niere und des Urogenitaltraktes. Deshalb ist die Untersuchung auf Blut auch in das Vorsorgeprogramm für Krebs mit aufgenommen.

Die klinischen Symptome einer Harnwegsinfektion können bei Beginn der Erkrankung noch sehr uncharakteristisch sein. Deshalb ist die Harnuntersuchung häufig die einzige Möglichkeit einer Früherkennung. Hierzu stehen heute praxisgerechte Methoden zur Verfügung, so daß auch der niedergelassene Arzt in der Lage ist, eine Harnwegsinfektion frühzeitig zu erkennen und seine Patienten vor den schwerwiegenden Folgeschäden chronischer Erkrankungen zu schützen. Der Anteil nicht rechtzeitig genug erkannter Harnwegsinfektionen ist immer noch hoch. Es muß daher angestrebt werden, die orientierende Untersuchung des Harnes auf Harnwegsinfektionen bei allen Patienten regelmäßig durchzuführen. Nur auf diesem Wege lassen sich die im Endstadium qualvollen Schicksale für viele Patienten vermeiden und darüber hinaus hohe Geldausgaben für nierenkranke Patienten einsparen.

Das Entstehen zahlreicher schwerer chronischer Erkrankungen kann verhütet werden, wenn die zur Verfügung stehenden, einfachen Methoden zur orientierenden Untersuchung des Urins gezielt und richtig durchgeführt eingesetzt werden. Der Urinstatus kann zur Früherkennung bei einer sehr großen Krankheitsgruppe in jeder Praxis mit einem geringen apparativen (Abb. 23) und zeitlichen Aufwand durchgeführt werden und viele Menschen vor leidvollen, chronischen Erkrankungen bewahren.

◁ **Abb. 23. a** Harnbeschauender Arzt im Mittelalter. Zu dieser Zeit wurde die Matula, das kolbenförmige Harnglas, als Standessymbol angesehen; **b** heute erforderliche Geräte für die moderne Harnanalyse; **c** Leukozyten im Urin; **d** Erythrozyten im Urin; **e** Leukozytenzählung im Blut; **f** Thrombozytenzählung im Blut

Zuckernachweis

Grundlagen

Erhöhte Zuckerausscheidung im Urin ist der wichtigste Hinweis auf das Vorliegen eines Diabetes mellitus. An einem manifesten Diabetes mellitus leiden etwa 2%–3% der Bevölkerung. Über 30% der manifest an Diabetes Erkrankten sind noch nicht erkannt, d. h. fast 1% der Bevölkerung. Aus diesem Grunde ist es wichtig, routinemäßig bei allen Patienten und wiederholt bei den Risikogruppen eine Zuckerbestimmung im Urin vorzunehmen, um einen manifesten Diabetes so früh wie möglich zu erkennen. Die wichtigsten Risikofaktoren für Diabetes sind das Alter (etwa 80% aller Diabetiker sind über 40 Jahre) und das Übergewicht. Darüber hinaus findet sich ein Diabetes besonders häufig bei chronischen Infekten der Nieren und Harnwege, chronischen Lebererkrankungen, Hypotonie, Hyperlipidämie, familiärer Diabetes-Disposition, Geburt übergewichtiger Kinder und Durchblutungsstörungen.

In der täglichen Praxis ist es mit der einfachen Teststreifenmethode auf Glukose möglich, alle manifesten Diabetiker frühzeitig zu erfassen. Diese Untersuchung ist daher auch in das Vorsorgeprogramm fest integriert.

Arbeitsvorschrift
Prinzip

Im Teststreifen wird die Glukose des Urins mit einer Glukosoxydase zu Glukonolaktat umgewandelt. Dabei entsteht Wasserstoffperoxid, das unter Katalyse von Peroxydasen den empfindlichen Indikator oxydiert, welcher das Vorhandensein von Glukose durch eine grün-blaue Färbung anzeigt. Von den im Harn vorkommenden Substanzen reagiert nur die Glukose in dieser Weise, so daß ein positives Testergebnis beweisend für eine Glukosurie ist.

Material
Teststreifen.

Arbeitsgang
Teststreifen kurz in den frischen, gut gemischten Harn eintauchen, so daß das Testfeld vollständig benetzt wird. Beim Herausnehmen Teststreifen am Gefäßrand abstreifen, um überschüssigen Harn zu entfernen. Nach 30 sec das Testfeld mit der Farbskala vergleichen und ablesen.

Reproduzierbarkeit
Mehrfachbestimmungen sollten nicht voneinander abweichen.

Fehlerquellen
Falsch positive Ergebnisse können nicht durch Harnbestandteile hervorgerufen werden, aber durch Reinigungsmittel, die für die Uringefäße benutzt wurden, und vor allem durch Zuckerrückstände wie Marmelade, Saft u. ä. in den benutzten Gefäßen.
Falsch negative Ergebnisse finden sich – wie beim Blutnachweis mit Hilfe des Teststreifens –, wenn größere Mengen Ascorbinsäure im Harn ausgeschieden werden, z. B. nach Einnahme von Vitamin C.

Blutnachweis

Grundlagen

Der Nachweis von Blut im Urin, die Hämaturie, ist Symptom vieler nephrologischer und urologischer Erkrankungen. Die Mikrohämaturie ist häufig der erste Hinweis auf einen Parenchymschaden der Nieren oder Frühsymptom eines Tumors im Bereich der Nieren und ableitenden Harnwege. Die Glomerulonephritis tritt im Beginn in über der Hälfte der Fälle in symptomarmer, oft völlig beschwerdefreier Form auf, und die Tumoren der Nieren, der ableitenden Harnwege und der Blase verursachen häufig keine Schmerzen und können daher leicht übersehen werden. Die Untersuchung des Urins auf Blutbestandteile ist daher auch in das Krebsvorsorgeprogramm mit aufgenommen. Hämaturie kann darüber hinaus auch durch pathologische Prozesse außerhalb der Nieren und des Urogenitaltraktes verursacht werden.
Für den Nachweis einer Hämaturie stehen zwei verschiedene Methoden zur Verfügung: die chemische Teststreifenmethode und die Erythrozytenzählung in der Kammer.

Arbeitsvorschrift

Prinzip
Bei Zerstörung von Blutgefäßen oder entzündlichen Veränderungen im Urogenitaltrakt gelangen Erythrozyten in die ableitenden Harnwege und werden mit dem Urin ausgeschieden.

Mikroskopische Untersuchung

Material
Mikroskop, Zählkammer.

Arbeitsgang
Der frisch gelassene Urin wird nach gutem Aufschütteln ohne Zentrifugation direkt in eine Zählkammer gegeben und die Anzahl der Erythrozyten/mm^3 festgestellt.

Befunde
Bis 10 Erythrozyten/mm sind nicht pathologisch.

Fehlerquellen
Falsch positive Ergebnisse können durch Luftbläschen und Fett-Tropfen vorgetäuscht werden.
Falsch negative Ergebnisse erhält man, wenn man den Urin länger als 4 Std stehen läßt, da die Erythrozyten aufgrund der unphysiologischen Osmolarität und der pH-Verhältnisse im Urin zerstört werden.

Chemische Untersuchung

Prinzip
Im Teststreifen wird die pseudoperoxydatische Aktivität des Hämoglobins genutzt. Das Hämoglobin oxydiert einen Farbindikator mit Hilfe eines organischen Hydroperoxides zu einem blaugrünen Farbstoff.

Material
Teststreifen.

Arbeitsgang
Der Teststreifen wird in frischen, unzentrifugierten, gut durchmischten Harn gegeben (s. ›Zuckernachweis‹) und nach 10 sec abgelesen.

Fehlerquellen
Falsch negative Ergebnisse treten auf infolge größerer Mengen reduzierender Substanzen, wie z. B. Ascorbinsäure. Falsch positive Ergebnisse können durch Reste von oxydierenden Reinigungsmitteln im Uringefäß verursacht werden.

Reproduzierbarkeit
Mehrfachbestimmungen sollen übereinstimmen.

Besonderheiten
Bei richtiger Handhabung haben die Teststreifen und die Erythrozytenzählung in der Kammer etwa gleiche Ergebnisse. Als reine Suchreaktion ist der Teststreifen wegen seiner einfacheren Handhabung vorteilhafter. Bei einer gezielteren Diagnostik sollten gleichzeitig auch die Erythrozyten in der Kammer mitgezählt werden.

Leukozytenzählung

Grundlagen

s. Keimzählung

Arbeitsvorschrift

Prinzip
Bei einer Infektion wandern die Leukozyten in die Niere und die ableitenden Harnwege und werden mit dem Urin ausgeschieden.

Material
Mikroskop, Zählkammer.

Arbeitsgang
Der frisch gelassene Urin wird nach gutem Aufschütteln ohne Zentrifugation direkt in eine Zählkammer gegeben und die Anzahl der Leukozyten/mm^3 festgestellt. Befunde bis 5 Leukozyten/mm^3 sind nicht pathologisch.

Fehlerquellen
Falsch positive Ergebnisse finden sich nicht. Falsch negative Ergebnisse erhält man, wenn man den Urin über vier Stunden stehen läßt, da die Leukozyten aufgrund der unphysiologischen Osmolarität und der pH-Verhältnisse im Urin zerstört werden.

Besonderheiten
In der Zählkammer werden neben den Leukozyten auch die Erythrozyten gut erkannt. Sie sollten immer mitgezählt werden, da der Blutnachweis mit der Teststreifenmethode nicht immer sichere Ergebnisse liefert.

Keimzählung

Grundlagen

Die Keimzählung und die Leukozytenzählung sind die wichtigsten Untersuchungsmethoden zum Nachweis einer Harnwegsinfektion. Die Harnwegsinfektion ist nach den Infektionen des Respirationstraktes die häufigste bakterielle Erkrankung des Menschen. Sie ist vor allem eine Erkrankung des weiblichen Geschlechts und nimmt mit dem Alter deutlich zu. So haben bis zum 16. Lebensjahr etwa 5% der Mädchen eine Harnwegsinfektion durchgemacht, danach steigt die Häufigkeit deutlich an. Im Alter von 65 Jahren sind es mehr als 14%–18% aller Frauen, die an einer Harnwegsinfektion erkrankt waren. Bei bestimmten Risikogruppen ist die Gefährdung für Harnwegsinfekte besonders hoch. Hierzu gehören vor allem Diabetiker, ältere Menschen und Frauen während der Schwangerschaft, bei denen die Untersuchung auf Harnwegsinfekte wiederholt und systematisch durchgeführt werden muß.
Nicht genügend frühzeitig erkannte und behandelte Harnwegsinfek-

tionen sind die häufigste Ursache der Pyelonephritis. Ein sehr hoher Anteil der Bevölkerung – etwa 5%–7% – leidet an dieser sehr schweren Nierenerkrankung. Die Ursache für diesen hohen Erkrankungsanteil liegt in den zahlreichen prädisponierenden Faktoren. Hierbei ist die Pyelonephritis häufig eine sekundäre Erkrankung, die ein bestehendes Grundleiden kompliziert. Wenn eine Pyelonephritis in ihrem Frühstadium übersehen wird, so wird häufig auch das als Ursache geltende Grundleiden nicht rechtzeitig erkannt und die Heilungsaussichten hierfür werden immer schlechter. Es ist daher ganz wesentlich, die Diagnose so früh wie möglich zu stellen. Dies ist mit Hilfe der Urinuntersuchung oft schon möglich, wenn sonstige klinische Symptome noch fehlen.

Die beiden Leitsymptome für die Diagnose »Harnwegsinfektion«, Bakteriurie und Leukozyturie, können heute mit einfachen, praxisgerechten Methoden erkannt werden. Die Diagnostik der Bakteriurie stand bis vor wenigen Jahren als Routinemethode in der Praxis noch nicht zur Verfügung, und es wurde daher häufig eine mangelhafte bakteriologische Urinuntersuchung durchgeführt. Eine ungezielte und unkontrollierte Chemotherapie mit all ihren für den Patienten schwerwiegenden Nachteilen war die Folge, und an den diagnostischen Nachweis möglicher prädisponierender Faktoren wurde nicht genügend gedacht. Heute stehen einfach zu handhabende Kulturverfahren zur Verfügung, mit deren Hilfe eine Bakteriurie auch in der Praxis mit hoher Sicherheit festgestellt werden kann. Aufgrund niedriger Keimzahlen oder besonders empfindlicher Keime können falsch negative Befunde bis höchstens 10% auftreten. Ein negativer Befund ist deshalb kein Argument gegen eine Infektion, wenn klinische Symptome vorliegen, und man muß dann in Wiederholungsuntersuchungen mit anderen bakteriologischen Methoden weiterfahnden. Der hohe Anteil von über 90% erkennbarer Harnwegsinfektionen sollte aber in der Allgemeinpraxis diagnostisch genutzt werden.

Die Leukozytenzählung im Urin genügt als diagnostische Maßnahme allein nicht, da isolierte Bakteriurien ohne pathologische Leukozytenausscheidung als pathognomische Zeichen der Harnwegsinfektionen möglich sind. Die Diagnose Harnwegsinfektion basiert daher in erster Linie auf dem Nachweis einer Bakteriurie. Für eine orientierende Untersuchung ist daher die Reihenfolge der Suche nach Harnwegsinfektionen

1. die Keimzählung mit den neuen Eintauchverfahren,
2. die mikroskopische Untersuchung des Urins auf Leukozyten und

3. der chemische Schnelltest auf Nitride, der bei positiver Reaktion sicher auf eine Infektion hindeutet, aber bei negativer Reaktion gar nichts aussagt, sowie
4. der Eiweißnachweis, der bei Nierenerkrankungen häufig positiv ausfällt.

Bei anderen Teststreifenuntersuchungen des Urins, wie z. B. der Feststellung des pH, ist die Variationsbreite falsch positiver und falsch negativer Befunde zu groß.

Für die vier o. g. Untersuchungen stehen einfache Methoden zur Verfügung, die auch der niedergelassene Arzt durchführen kann. Das Problem in der Harndiagnostik liegt heute nicht mehr im Fehlen von zuverlässigen und praxisnahen Methoden, sondern vor allem in der richtigen Interpretation der gewonnenen Ergebnisse in Abhängigkeit von der Harngewinnung und dem Harntransport in das Laboratorium. Unsachgemäße Harngewinnung führt zu falsch negativen und falsch positiven Untersuchungsergebnissen, und es wird daher in den Arbeitsvorschriften ganz speziell auf die Uringewinnung eingegangen.

Arbeitsvorschrift

Uringewinnung

Je nach dem, ob man Urin für eine orientierende oder beweisende Untersuchung benötigt, wird normaler Morgenurin, Mittelstrahlurin oder in seltenen notwendigen Ausnahmen Punktionsurin benutzt. Morgenurin soll möglichst vier bis sechs Stunden in der Blase gehalten werden, da hierdurch der Aussagewert bakteriologischer Befunde aufgrund der langen Inkubationsdauer der Bakterien in der Blase am eindeutigsten ist. Bei erwachsenen Patienten ist es am günstigsten, ihnen zu empfehlen, den Wecker auf 4 Uhr nachts zu stellen, aufzustehen, Urin zu lassen und dann morgens um 8 Uhr in die Praxis zu kommen. Bei älteren Kindern läßt sich dieses Verfahren auch anwenden. Bei Säuglingen muß der Spontanurin im sterilen Auffangbeutel gesammelt werden. Zuverlässigen Patienten kann man sterile Gefäße mitgeben und sie bitten, den zu Hause aufgefangenen Urin innerhalb $^1/_2$ Std in der Praxis abzuliefern. Besser ist es aber, die Patienten in die Praxis zu bestellen und dort einen guten Mittelstrahlurin zu gewinnen. Dies gelingt bei erwachsenen Männern leicht, bei Frauen auch fast immer. Bei etwas älteren Kindern läßt sich der Mittelstrahlurin in einem von der Firma Orion in

Helsinki entwickelten Aluminiumtopf, in welchem sterile Einsatzbehälter aus Plastik angebracht sind, gut auffangen. Voraussetzung für einen weitgehend sterilen Mittelstrahlurin ist vor allem das gute Säubern der äußeren Harnwege etwa eine Stunde vor dem Urinlassen. Wenn alle Vorschriften eingehalten werden, so können fast alle Untersuchungen an Mittelstrahlurin vorgenommen werden, sofern bei positiven Befunden Kontrollen in ausreichendem Maße (etwa 3 ×) durchgeführt werden. Erst wenn die klinische Symptomatik und der bakteriologische Befund nicht eindeutig sind, wird ein Punktionsurin für eine beweisende Untersuchung benötigt.

Die Gefährdung des Patienten durch eine von einem geübten Untersucher korrekt vorgenommene suprapubische Blasenpunktion ist geringer als die Durchführung eines Blasenkatheterismus, wobei in jedem Fall die Schleimhaut beschädigt und die Schutzfunktion der Harnröhrenschleimhaut vermindert wird, was die Ursache neuer Infektionen sein kann.

Bakteriologische Untersuchung

Prinzip
Mit Agar beschichtete Objektträger werden in den Urin eingetaucht, und nach 12 Std Inkubation bei 37° C wird die Koloniendichte festgestellt.

Material
Handelsübliche, steril verpackte, mit Agar beschichtete Objektträger, Brutschrank.

Arbeitsgang
Der zu untersuchende Urin wird in einem sterilen Gefäß aufgefangen, in den man den mit Agar beschichteten Objektträger kurz eintaucht. Nach Abwischen der unteren Kante auf Fliespapier wird der Objektträger in das dazugehörige sterile Gefäß eingeschraubt. Bei geringen Urinmengen kann der Urin auch auf den Objektträger gegossen werden. Anschließend 12–14 Std Inkubation bei 37° C. Ablesen der Koloniendichte nach Vorschrift.

Reproduzierbarkeit
Mehrfachbestimmungen sollten nicht wesentlich voneinander abweichen.

Fehlerquellen
Falsch positive Ergebnisse können durch Keimkontamination auftreten. Sie sind weitgehend ausgeschlossen, wenn eine Monokultur vorliegt. Bei Mischkulturen sind vor Therapiebeginn und vor allem bei Fehlen klinischer Symptome Kontrollen erforderlich.
Falsch negative Ergebnisse finden sich, wenn die Keimzahl zu gering ist – z. B. nach zu geringer Vermehrung der Keime bei kurzer Verweildauer des Urins in der Blase. Empfindliche Keime können u. U. auf der Agarkultur nicht wachsen, und Chemotherapeutikaspiegel im Urin führen ebenfalls zu falsch negativen Ergebnissen.

Besonderheiten
Bei positivem Ergebnis kann die Kultur zur Differenzierung und Bestimmung eines Antibiogramms in das Mikrobiologische Laboratorium geschickt werden. Nicht statthaft ist, die Inkubation bei Zimmertemperatur vorzunehmen, oder die Objektträger direkt nach der Urinbeschickung sofort per Post zu versenden, da hierdurch die Zahl der falsch negativen Befunde erhöht wird.

Nitritnachweis

Grundlagen

s. Keimzählung.

Prinzip
Nitrit reagiert in saurem Medium mit Sulfanilamid und bildet ein Diazoniumsalz, das sich mit einer ebenfalls in der Testzone befindlichen Kupplungskomponente zu einem intensiv roten Azofarbstoff verbindet. Man findet im Testfeld je nach der Nitritkonzentration im Harn eine rosa bis rotviolette Färbung.

Material
Teststreifen.

Arbeitsgang
Teststreifen in den Urin eintauchen, abstreifen und innerhalb von 30 sec ablesen.

Fehlerquellen
Da nicht alle Bakterien Nitritbildner sind und der Urin mit den Bakterien häufig nicht lange genug in der Blase gehalten wird, sind falsch negative Ergebnisse sehr häufig. Ein negativer Befund kann daher nicht verwertet werden.
Falsch positive Ergebnisse kommen nicht vor. Daher ist jeder positive Befund als solcher zu werten.

Eiweißbestimmung

Grundlagen

Die Eiweißausscheidung im Urin ist nicht immer Zeichen einer Erkrankung. Sie kann auch unter physiologischen Bedingungen auftreten. Ursache hierfür ist nicht zuletzt die Tatsache, daß Menge und Art der Eiweißausscheidung nicht nur von den Membranen in der Niere abhängen, sondern auch von der Strömungsgeschwindigkeit des Blutes in den Glomerulumkapillaren. Wird der Blutstrom in den Glomeruli z. B. verlangsamt, so kann es zu einer verstärkten Eiweißausscheidung kommen, ohne daß die Kapillarwände geschädigt werden. Dies kann ausgelöst werden durch Kreislaufbelastungen, wie man sie bei schwerer Muskeltätigkeit, emotionalem Streß oder Herzinsuffizienz beobachten kann. Eine erhöhte Eiweißausscheidung bei Nierengesunden findet man überwiegend im Alter bis zu 30 Jahren und speziell bei Jugendlichen um 16 Jahre. Daher sollte die Eiweißausscheidung im Morgenurin gemessen werden und nicht etwa zur Mittagszeit, wenn die größte körperliche Aktivität besteht. Diese gutartigen Proteinurien können anhand wiederholter Untersuchungen von Morgenurin gut von einer pathologischen Proteinurie unterschieden werden.
Pathologische Eiweißausscheidung ist häufiges Begleitsymptom von Nierenerkrankungen. Sie ist jedoch kein Beweis für das Vorliegen einer Nierenerkrankung, noch schließt das Fehlen einer Eiweißausscheidung diese Erkrankung aus. Bei Nachweis von Eiweiß im Urin sollte immer eine differenzierte Diagnostik erfolgen, nachdem eine gutartige Proteinurie ausgeschlossen worden ist.

Arbeitsgang

Prinzip

Die für den Eiweißnachweis im Urin benutzten Teststreifen enthalten ein Puffergemisch und den Indikator Tetrabromphenolphthaleinäthylester, der bei konstant gehaltenem pH-Wert in Gegenwart von Eiweißkörpern eine blaue Farbe annimmt. Hierbei ist die Farbintensität ein Maß für die Eiweißausscheidung. Gemessen wird die Albuminkonzentration.

Benötigtes Material
Teststreifen.

Arbeitsgang
Die Teststreifen werden in den Urin getaucht, abgestreift und nach 30–60 sec abgelesen. Die Eiweißausscheidung ist abzuschätzen an der Farbintensität.

Reproduzierbarkeit
s. Urobilinogennachweis.

Fehlerquellen
Falsch positive Befunde treten auf bei stark alkalischem Harn (pH 9), z. B. bei bakteriellen Infektionen, bestimmten Medikamenten und Verunreinigung der Gefäße, in denen der Urin sich befindet, durch Desinfektionsmittel.
Falsch negative Befunde treten fast gar nicht auf.

Urobilinogennachweis

Grundlagen

Vermehrte Ausscheidung von Urobilinogen im Urin ist ein wichtiger Hinweis auf Lebererkrankungen. Die Leberkrankheiten haben in den letzten Jahren erheblich zugenommen. Man vermutet bei etwa 5% der Bevölkerung nicht erkannte Lebererkrankungen, die z. T. zu chronischen Leiden führen können. Wie beim Diabetes mellitus ist es daher erforderlich, im Rahmen von Vorsorgeuntersuchungen die Früherkennung von Lebererkrankungen anzustreben.

Für orientierende Untersuchungen stehen auch hier einfache Teststreifenmethoden zur Verfügung, mit deren Hilfe eine pathologisch veränderte Gallenfarbstoffausscheidung im Urin nachzuweisen ist, die auf eine Lebererkrankung hindeuten kann. Ursachen für eine vermehrte Ausscheidung von Gallenfarbstoffen ist neben einer verminderten Funktionskapazität bei Erkrankungen der Leber auch die Überlastung der Funktionskapazität einer normalen Leber durch vermehrten Hämoglobinabbau, z. B. bei hämolytischen Anämien. Ursachen für eine Funktionsstörung der Leber können eine Virushepatitis, chronische Hepatitiden, Leberzirrhose, toxische Leberschäden (Alkohol, Medikamente u. a.), Stauungsleber (z. B. bei Herzinsuffizienz) u. a. sein. Bei diesen Erkrankungen kann das aus der Pfortader anfallende Urobilinogen nicht mehr vollständig weiterverarbeitet werden und erscheint vermehrt im Urin. Häufig findet sich eine vermehrte Ausscheidung von Urobilinogen, ohne daß z. B. bei der Virushepatitis das eigentliche Leitsymptom, der Ikterus, vorhanden ist. Ein völlig negativer Ausfall der Urobilinogenreaktion deutet auf schwerste Leberschädigungen hin.

Arbeitsvorschrift

Prinzip
Das Urobilinogen reagiert mit dem Diazoniumsalz im Teststreifen und bildet einen roten Azofarbstoff.

Material
Teststreifen

Arbeitsgang
Teststreifen, wie bei der Untersuchung auf Glukose angegeben, in den Urin eintauchen, abstreifen und nach 10 sec ablesen. Je nach Stärke der Farbreaktion kann die Menge der Urobilinogenausscheidung abgeschätzt werden.

Reproduzierbarkeit
Bei Mehrfachbestimmungen dürfen keine wesentlichen Unterschiede in der Stärke der Reaktion auftreten.

Fehlerquellen
Urobilinogen kann durch Sonnenlicht oxydiert werden. Deshalb darf der zu untersuchende Urin nicht älter als vier Stunden sein und

nicht in direktem Sonnenlicht gestanden haben. Formaldehyd, das manchmal zur Harnkonservierung genommen wird, hemmt den Test.

Besonderheiten
Bei den meisten Teststreifen auf Urobilinogen kann gleichzeitig auch Bilirubin mit abgelesen werden. Im Gegensatz zum Urobilinogen, das als Frühsymptom einer Leberschädigung bereits vermehrt im Urin ausgeschieden wird, findet man eine vermehrte Bilirubinausscheidung erst bei wesentlich stärkeren Parenchymschäden der Leber. Der Nachweis von Bilirubin im Urin ist mehr als diagnostischer Test, denn als orientierende Screening-Untersuchung zu verwenden und daher im Praxislaboratorium nur selten erforderlich.

Sachverzeichnis

ABO-Erythroblastose 36
Acanthozyten 50
Alkalische Leukozyten Phosphatase 25, 27,
Anämie 8, 22
–, Eisenmangel 22
–, –, Berliner Blau Reaktion 22, 25, 26
–, Eisenverwertungsstörung 22
–, Hämoglobinsynthesestörung 22, 25
–, hämolytische 22
–, hyperregenerative 11, 24
–, hyporegenerative 9
–, Sichelzell 22
–, sideroachrestische 24
Anisozytose 22
Antikörper
–, Synthese 7, 13, 20
–, humorale 13, 20
–, zelluläre 13, 20
Ausdifferenzierung, s. auch Blutzelle
–, Erythropoese 7, 10
–, Granulopoese 7, 16
–, Thrombozypopoese 7, 40
–, Speicher 6
Ausstrichpräparate, s. Blutausstrich
Azur 20
–, Farbstoff 20
–, Granula 52

Bakterielle Infektion
– – der Harnwege 59, 64
– –, Linksverschiebung 14
– –, Granulozytose 14
Bakteriologische Urinuntersuchung 67
Bakteriurie 65
–, Nachweis 65, 67
Basophile Tüpfelung 50
Basophiler Granulozyt
– – im Ausstrichpräparat, 50, 52
–, Normalwerte für 48
Basophilie 20, 21
–, Erythrozyten 42

–, Plasmazellen 21, 24
–, Proteinsynthese 21, 24
–, Zytoplasma 20, 24
Berliner Blau Reaktion 22, 25
–, Eisenfärbung 27
– –, Eisenmangelanämie 22, 26
– –, Eisenverwertungsstörungen 22, 25
– –, Makrophagen 26
Bilirubin
–, Nachweis im Urin 72
Blasen
–, Katheterismus 67
–, Punktion 67
Bleiintoxikation
–, Anämie 24
Blutausstrich 1, 19
–, Auswertung 31
–, Beurteilung 35
–, Färbebank 2 (Umschlagseite)
–, Färbung 12, 22, 31, 42
–, Farbniederschläge 32, 35
–, Farbstoffe 20, 24, 29
–, Herstellung 29, 30, 32
–, –, Fehlerquellen 35, 42
–, pathologisch 23, 26, 28, 34, 37
–, Reinterpretation 27
–, Schnellfärbung 36
Blutbild
–, Maßeinheiten 5
–, Normalwerte 47, 48
Blutnachweis
–, Urin 1, 61
Blutsenkungsgeschwindigkeit 1, 55
–, Fehlerquellen 56
–, Kosten für Stativ 2
–, Schnellmethode 55
Blutvolumen
–, Gesamt- 8
Blutzellen, s. auch Zelle
–, Abbau 5
–, Ausdifferenzierung 7
–, Bildung 5

Blutzellen, Bildungsstörungen
–, –, Granulozytopenie 18
–, morphologische Charakteristika 52, 53, 54
–, Zytochemie 25
–, Zytologie 25, 52, 53, 54
Brillant-Kresyl-Blau 45
–, Vitalfärbung 42, 45
Brutschrank 2, 67
–, Kosten 2

Chromatinstruktur 20, 52, 53, 54
Colony stimulating activity 7

Desoxyribonukleinsäure
–, Anfärbung 20
–, Synthese 20
–, Zellkernstruktur 20
Diabetes mellitus 57
– –, Harnbefund 60
– –, Risikofaktoren 60
Differentialblutbild 5 s. auch Blutausstrich

Eisen
–, Mangel 22, 27
–, Nachweis 26
–, Therapie 25
–, Verwertungsstörung 22
Eiweiß
–, Ausscheidung 69
–, –, pathologische 69
–, –, physiologische 69
–, Bestimmung
–, –, Urin 1, 69
–, –, Fehlerquellen 70
Eosin 20
Eosinophile Granulozyten
–, Ausstrichpräparat 50, 52
–, Normalwerte 48
Erythroblasten 20, 21, 37, 54
Erythropoetin 7
Erythropoese 10, 20, 21
–, Morphologie 53
Erythrozyten 53
–, Ausdifferenzierung 7, 10, 20
–, basophile Tüpfelung 50
–, Bildung 7, 10, 21
–, Funktion 7
–, Funktionsspeicher 10, 15
–, Hämoglobinsynthese 21
–, Howell-Jolly-Körperchen 37, 50

–, hypochrome 22, 23, 49
–, Lebenszeit 7, 10
–, makrozytäre 49
–, mikrozytäre 23, 49
–, pathologische Veränderung 50
–, polychromatische 11, 21, 22, 42, 49
–, spärozytäre 23, 49
–, Vorstufen 10, 20
–, Vorratsspeicher 10, 15
–, Zählung
–, –, Blut 8, 24
–, –, automatisches Zählgerät 24
–, –, Urin 59, 62
Esterasen
–, α-N-25
–, –, Paramonozytenleukämie 29
–, N-AS-D-Cl- 25
–, zytochemischer Nachweis von 25

Färbung s. Blutausstrich
Farbstoffe
–, basische 20
–, saure 20
Früherkennung von Krankheiten
– –, Bedeutung der Harnuntersuchung 57, 59
Frühgeborene
–, Blutausstrich 36
–, Blutbild 47, 48

Galenus
–, Claudius, von Pergamon 57
Gallenfarbstoffe
–, Ausscheidung 71
Gendeletion
–, α- oder β-Ketten bei Thalassämie 24
Gewebestruktur, Blutzellen 18
Giemsa-Lösung 29
Globinsynthese 22
–, Störung 22, 24
Glomerulonephritis
–, Hämaturie 61
Glukosurie 57, 60
–, Diabetis mellitus 57, 60
–, Nachweis 60
Golgi Apparat 20
Granulopoese 7, 16
–, Ausdifferenzierung 7, 17
–, Linksverschiebung 14
–, Morphologie 52
–, Stammzellen 7, 17

Granulozyten
–, Ausdifferenzierung 7, 17
–, basophile 14, 52
–, Bildung 1, 16
–, eosinophile 14, 52
–, Funktion 7, 13, 14, 17
–, Funktionsspeicher 15
–, Lebenszeit 7, 15
–, neutrophile 14, 30, 35, 52
–, Normalwerte für 48
–, pathologische Veränderung 50
–, Speicher 15, 16
–, Stabkernige 17, 34, 52
–, toxische Granulation 35, 50
–, Vorratsspeicher 15
–, Vorstufen 17, 52
–, wandständige 17
–, zirkulierende 17
Granulozytopenie 14, 17
–, Blutzellbildungsstörung 18
–, Pseudo- 17
Granulozytose 15
–, Pseudo- 17
–, reaktive 14, 17

Hämatokrit 1, 5
–, Bestimmung 5
–, –, automatische Zählgeräte, 13
–, –, Fehlerquellen 11, 13
–, Gesamtblutvolumen 9
–, kapillare 12
–, Maßeinheiten 5
–, Normalwerte 47
–, Zentrifuge 12
–, –, Kosten 2
Hämaturie
–, Nachweis 61
–, –, Fehlerquellen 62
Hämoglobin
–, Bestimmung 8
–, fetales 37
–, Konzentration, mittlere korpuskuläre 24
–, –, Normalwerte 47
–, Maßeinheiten 5
–, Mittleres korpuskuläres 24
–, Normalwerte 47
–, Synthese 21, 22
–, –, in Retikulozyten 21, 42
–, –, Störung 22
Hämopoese 6, 7, s. auch Blutzellbildung
–, Ausdifferenzierung 7

–, Regulation 7
–, Zellerneuerungssystem 7
Harn
–, Analyse 57
–, Gewinnung 66
–, Scheu 57, 58
–, Untersuchung 57
–, Bakterien 67
–, Blut
–, Laboratorium 58
–, Eiweiß 69
–, Erythrozyth 58, 62
–, Fehlerquellen 61, 63, 64, 68, 70, 71
–, Leukozyten 58, 63
–, Nitride 68
–, Urobilinogen 70
–, Zucker 60
–, Risikogruppe 64
–, Wegsinfektion 57, 64
Heinz Körperchen 50
Hepatitis s. Lebererkrankungen
Howell-Jolly-Körperchen 37, 50
Hypochromasie 22, 50
–, Eisenmangelanämie 23
–, Thalassämie 23

Immunabwehr
–, humorale 7, 13
–, zelluläre 7, 13
Immunzytochemie, 27
Infektionen s. bakterielle oder virale Infektionen
Inhibitoren
–, Blutzellausdifferenzierung 7
–, Blutzellproliferation 7

Keimzählung
–, Urin 1, 64
–, Eintauchverfahren 65, 67
–, Fehlerquellen 68
Klinisch-chemische Untersuchung
– –, Notfalldiagnostik 3
– –, Risikofaktoren 3
Knochenmark 50
Köhlersches Prinzip 2
Kondensorbeleuchtung
–, nach Prof. Köhler 2
Krebsvorsorgeprogramm 61
Kugelzellen 22, 23

Laboratorium
–, Einrichtung 2

Laboratorium, Geräte für Blutbild 12
–, Geräte für Urinstatus 58
–, Gesamtausgaben 2
Lactoferrin 7
Leberzirrhose
–, Harnbefund 71
Lebererkrankungen 57
–, Harnbefund 71
Leukämie
–, akute lymphatische 29
–, akute myeloische 27
–, Diagnose 27
–, Dysregulation 7
–, Paramonozyten 29
–, Promyelozyten 51
–, Therapie 27
–, undifferenzierte 29
–, Zellen 26, 28, 50
–, –, Klassifizierung 27
–, –, Zytochemie 26, 28
Leukozyten s. auch Granulozyten, Lymphozyten und Monozyten
–, Beurteilung im Blutausstrich 35
–, Normalwerte 48
–, Zählung 1, 13, 18
–, –, Blut 1, 18, 59
–, –, Fehlerquellen 19
–, –, Maßeinheiten 5
–, –, Mischpipetten 18
–, –, Urin 1, 58, 63
–, –, Fehlerquellen 64
Leukozyturie 65
Linksverschiebung
–, Granulozyten 14
Lymphoblast 21, 34, 54
Lymphozyten
–, Antikörpersynthese 20
–, B-, 7, 13, 21
–, Immunabwehr 13, 20
–, Normalwerte 48
–, Pathologische Veränderung 21, 50
–, Proteinsynthese 20
–, Reizformen 21, 54
–, T-, 7, 13, 21
–, –, Schafs-Erythrozyten-Rosettentest 21
–, Transformation 20
Lysosomale Enzyme
–, Anfärbung 22

Makrophagen 7
–, Nichthämoglobineisen 27

Makrozyten 49
May-Grünwald-Lösung 29
Megakaryozyten 40, 51
Membranantigenstruktur
–, immunzytochemischer Nachweis 27
Messenger Ribonukleinsäure
–, Retikulozyten 42
Metamyelozyt 17, 52
Methylenblau 20
Mikrobiologische Diagnostik 3
Mikroskop
–, Kosten 2
–, Phasenkontrast 2
Mikroskopieren
–, Blutausstrich 31
–, Fehler 33
Mikrozyten 23, 50
Mitochondrien
–, Hämsynthese 42
–, Retikulozyten 42
Mittelstrahlurin 66
Mononukleosis infektiosa
– –, Reizformen der Lymphopoese 21, 35, 50
Mononukleose-Zellen 21, 34, 50
Monozyten
–, Funktion 7, 13
–, Immunabwehr 13
–, Phagozytosefähigkeit 13
Myeloblast 17, 51, 54
Myelozyt 17, 51, 52

Neugeborene
–, Blutausstrich 36
–, Blutbild 47, 48
Neutrophile Granulozyten, s. Granulozyten
Nierentumoren 57
–, Harnbefund 61
Nitritnachweis
–, Urin 1, 68
–, –, Fehlerquellen 69
Normoblasten 10, 36, 53, 54
Normalwerte
–, Blutbild 47, 48
Notfall-Diagnostik
–, klinisch-chemisch 3

Objektiv
–, Ölimmersion 2, 3
–, Planachromat 2
–, Planapochromat 3

–, Trocken- 2
Okular
–, Weitwinkel- 2
Oxyphiler Normoblast 10, 21, 53

Pappenheim-Färbung 22, 25
PAS-Reaktion 25
–, akute lymphatische Leukämie 28
Pelger-Huet-Anomalie 50
Peroxydasereaktion 25
–, Granulozyten 26
–, akute myeloische Leukämie 26
Phagozytose
–, Granulozyten 7
–, Makrophagen 7
Phasenkontrastmikroskop 2
–, Kosten 3
–, Thrombozytenzählung 38
Phosphatase
–, Alkalische Leukozyten 25
–, Saure, zytochemischer Nachweis 25
–, undifferenzierte Leukämie 28
Planachromat 2
Planapochromat 3
Plasmazellen 14, 21, 35, 54
–, Antikörpersynthese 7, 13, 20
–, Golgi-Apparat 20
–, Ribonukleinsäure 20
–, Ribosomen 20
Procainlösung für Thrombozytenzählung 39
Poikilozytose 22
Polychromasie 11, 21, 24, 42
Polychromatischer Normoblast 10, 21, 53
Polyglobulie 8, 9
–, Pseudo- 8, 9
Proliferation 6
–, Regulatorstoffe 7
–, Speicher 6
–, Störungen 7, 18
Promyelozyt 17, 51, 52
Prostaglandine 7
Proteinbiosynthese
–, Basophilie 21, 24
–, Lymphozyten 20, 24
–, Plasmazellen 20
–, Retikulozyten 20, 24, 42
Proteinurie 69
–, gutartige 69
–, Nachweis 70

Protoporphyrinsynthese 22
–, Störungen 22
Pyelonephritis 64

Regulatorstoffe
–, Blutzellausdifferenzierung 6, 7
Retikulozyten 10, 22, 43, 53
–, Hämoglobinsynthese 21, 42
–, hämolytische Anämie 22
–, Index 45
–, Lebenszeit 44
–, Phagozytose 42
–, Proteinsynthese 20
–, Ribonukleinsäure 20, 42
–, Ribosomen 20
–, Substantia granulofilamentosa 46
–, Vitalfärbung 43, 45
–, Zählung 1, 46
–, –, Fehlerquellen 46
RH-Erythroblastose 36
Ribonukleinsäure
–, Messenger 20, 42
–, Plasmazellen 20
–, Retikulozyten 20, 42
–, ribosomale 20
–, transfer 20, 42
–, zytoplasmatische 20
–, –, Anfärbung 22
Ribosomen 20
–, Basophilie 20, 21
–, Plasmazellen 20
–, Retikulozyten 42
–, Ribonukleinsäure 20
Risikofaktoren 3
–, klinisch chemische Untersuchung 3
Rosettentest
–,Schafserythrozyten 20
–, –, Nachweis von T-Lymphozyten 20

Säftelehre
–, Theorie 57
Sichelzellen 23, 50
Spärocytose 22
Stabkerniger Granulozyt 17, 34, 52
Stammzellen s. auch Zellen
–, determinierte 6, 7, 54
–, pluripotente 6, 7
–, Speicher 6
Staungsleber
–, Harnbefund 71
Stimulatoren
–, Blutzellausdifferenzierung 7

Stimulatoren, Blutzellproliferation 7
Substantia granulofilamentosa
–, Retikulozyten 46
Sulfid Silber Reaktion
–, Nachweis von Nichthämoglobineisen 25

Targetzellen 23, 50
Teststreifen
–, Harnuntersuchungen 58, 60, 62, 68, 70, 71
Thalassämie
–, Blutausstrich 23
–, Gendeletion für α- oder β-Ketten 24
–, Globinsynthesestörung 22, 24
Thrombozyt
–, Ausreifung 7, 40
–, Beurteilung im Blutausstrich 34, 35, 39
–, Funktionsreserve 39
–, Immunreaktion 38
–, Lebenszeit 39
–, Zählung 5, 38, 59
–, –, Fehlerquellen 41
–, –, Maßeinheiten 5
Thrombozytämie 39
Thrombozytopenie 39
–, Immunreaktion 38
Toxische Granulation, s. Granulozyten
Transfer Ribonukleinsäure
–, Retikulozyten 42
Türks-Lösung 14, 18

Urinstatus 1, 57, s. auch Harn
Urobilinogennachweis
–, Urin 1, 70
–, –, Fehlerquellen 71
–, –, Lebererkrankungen 57, 70

Virale Infektion 35
–, Lymphozytose 35
–, Reizformen der Lymphopoese 35
Virushepatitis
–, Harnbefund 57, 71
Vitalfärbung
–, Retikulozyten 42
Vorsorgeuntersuchung 57
–, Diabetes mellitus 57
–, Lebererkrankungen 57
–, Nierentumoren 57, 59

Weise'sche Pufferlösung 29

Zählkammer 58
Zelle s. auch Blutzelle
–, Ausreifung 6
–, Erneuerungssystem 5, 7
–, –, Hämopoese 7
–, –, Zwiebel 6
–, Funktion 6
–, helper 7
–, Kern 20, 52–54
–, –, Chromatinstruktur 20, 52–54
–, Kinetik 6
–, Stamm 6
–, –, determinierte 7, 54
–, –, pluripotent 7
–, supressor 7
Zuckerausscheidung
–, Urin 60
Zwiebel
–, Zellerneuerungssystem 6
Zytochemie 25
–, Blutzellen 25, 26, 28, 36
–, Nachweisverfahren 25, 27

Fachschwester Fachpfleger

Die Buchreihe zur Fort- und Weiterbildung in der Krankenpflege

Anaesthesie – Intensivmedizin

Herausgeber: F. W. Ahnefeld, W. Dick, M. Halmágyi, H. Nolte, T. Valerius

Weiterbildung 1
Richtlinien. Lehrplan. Organisation
Von F. W. Ahnefeld, W. Dick, M. Halmágyi, T. Valerius
1975. XIII, 204 Seiten
DM 24,–; approx. US $ 13.20
ISBN 3-540-07115-6

Anaesthesie – Intensivmedizin

Innere Medizin – Intensivmedizin

M. Halmágyi, T. Valerius
Weiterbildung 2
Praktische Unterweisung
Intensivbehandlungsstation – Intensivpflege
1975. 67 Abbildungen. VIII, 120 Seiten
DM 24,–; approx. US $ 13.20
ISBN 3-540-07213-6

M. Halmágyi, T. Valerius
Weiterbildung 3
Praktische Unterweisung
Punktion. Injektion – Infusion – Transfusion. Gefäßkatheter
1976. 60 Abbildungen. VII, 120 Seiten
DM 28,–; approx. US $ 15.40
ISBN 3-540-07723-5

Innere Medizin - Intensivmedizin

Herausgeber: M. Alcock, P. Barth, K. D. Grosser, W. Nachtwey, G. A. Neuhaus, F. Praetorius, H. P. Schuster, M. Sucharowski, P. Wahl

S. M. Brooks
Fortbildung 1
Grundlagen des Wasser- und Elektrolythaushaltes
Deutsche Bearbeitung von H. P. Schuster, H. Lauer
Übersetzt aus dem Amerikanischen von G. Kaiser, M. Kaiser
1978. 27 Abbildungen, 13 Tabellen.
XIII, 67 Seiten
DM 18,–; approx. US $ 9.90
ISBN 3-540-08429-0

J. M. Krueger
Fortbildung 2
Überwachung des zentralen Venendrucks
Übersetzt aus dem Amerikanischen von G. und M. Kaiser
1978. 51 Abbildungen. IX, 60 Seiten
DM 9,80; approx. US $ 5.40
ISBN 3-540-08574-2

H. P. Schuster, H. Schönborn, H. Lauer
Fortbildung 3
Schock
Entstehung, Erkennung, Überwachung, Behandlung
1978. 39 Abbildungen, 10 Tabellen.
X, 65 Seiten
DM 19,80; approx. US $ 10.90
ISBN 3-540-08736-2

Operative Medizin

Herausgeber: G. Gille, B. Horisberger, B. Kaltwasser, K. Junghanns, R. Plaue

J. Hamer, C. Dosch
Neurochirurgische Operationen
Weiterbildung
Mit einem Geleitwort von K. Junghanns
1978. 80 Abbildungen. IX, 78 Seiten
DM 28,–; approx. US $ 15.40
ISBN 3-540-08631-5

J. Menzel, B. Dosch
Neurochirurgie
Prae- und postoperative Behandlung und Pflege
Fortbildung
Geleitwort von K. Junghanns
1979. 40 Abbildungen, 1 Tabelle.
IX, 48 Seiten
DM 29,50; approx. US $ 16.30
ISBN 3-540-09284-6

W. Saggau, T.-R. Billmaier
Herz- und Gefäßoperationen
Weiterbildung
1979. 110 Abbildungen. VIII, 104 Seiten
DM 36,–; approx. US $ 19.80
ISBN 3-540-08735-4

Mengenpreis: Ab 20 Exemplare 20% Nachlaß

**Springer-Verlag
Berlin Heidelberg NewYork**

H.-J. von Bose
Krankheitslehre
Lehrbuch für die Krankenpflegeberufe
1978. 35 Abbildungen, 11 Tabellen.
X, 185 Seiten
DM 29,80; approx. US $ 16.40
Mengenpreis ab 20 Exemplare: DM 23,85;
approx. US $ 13.20
ISBN 3-540-08803-2

R. Janker
Röntgen-Aufnahmetechnik
Teil 1: Allgemeine Grundlagen und
Einstellungen
Von A. Stangen, D. Günther
10., überarbeitete Auflage. 1977. 292 Abbildungen, zahlreiche Tabellen. 438 Seiten
Gebunden DM 48,–; approx. US $ 26.40
ISBN 3-540-08239-5

R. Janker
Röntgenbilder
Atlas der normierten Aufnahmen
Röntgen-Aufnahmetechnik, Teil 2
Bearbeitet von H. Hallerbach, A. Stangen
9., unveränderte Auflage. 1976. 222 Abbildungen. 238 Seiten
Gebunden DM 48,–; approx. US $ 26.40
ISBN 3-540-07664-6

W. Piper
Innere Medizin
1974. 61 Abbildungen. XX, 536 Seiten
(Heidelberger Taschenbücher, Band 122,
Basistext Medizin)
DM 19,80; approx. US $ 10.90
ISBN 3-540-06207-6

W. Rick
Klinische Chemie und Mikroskopie
Eine Einführung
5., überarbeitete Auflage. 1977. 56 Abbildungen (davon 13 Farbtafeln), 29 Tabellen.
XVI, 426 Seiten
DM 26,–; approx. US $ 14.30
ISBN 3-540-08219-0

G. Weiss
Diagnostische Bewertung von Laborbefunden
Mit einem Geleitwort von A. Schretzenmayr
4. Auflage. 1976. XII, 494 Seiten
Gebunden DM 64,–; approx. US $ 35.20
ISBN 3-540-79800-5

E. A. Zimmer, M. Zimmer-Brossy
Röntgen-Fehleinstellungen
– erkennen und vermeiden
2., völlig neubearbeitete Auflage. 1979.
199 Abbildungen. Etwa 200 Seiten
DM 59,–; approx. US $ 32.50
ISBN 3-540-09181-5

Springer-Verlag
Berlin
Heidelberg
New York